世界手绘植物图谱鉴赏

—— 走进邱园 ——

至美邱园

馆藏手绘植物图谱

英国皇家植物园 · 邱园　　著

熊振豪　　译编

李维林　　译订

科学普及出版社

· 北　京 ·

图书在版编目（CIP）数据

至美邱园：馆藏手绘植物图谱. 实用类 / 英国皇家植物园——邱园著；熊振豪译编.
-- 北京：科学普及出版社，2023.4
（世界手绘植物图谱鉴赏：走进邱园）
书名原文：Honzō Zufu；Fungi；Festive Flora；Fruit；Herbs & Spices
ISBN 978-7-110-10524-5

Ⅰ. ①至… Ⅱ. ①英… ②熊… Ⅲ. ①植物—图谱 Ⅳ. ① Q94-64

中国国家版本馆 CIP 数据核字（2023）第 035565 号

版权登记号：01-2022-5429

策划编辑	符晓静　肖　静
责任编辑	符晓静　肖　静
封面设计	中科星河
正文设计	中文天地
责任校对	张晓莉
责任印制	徐　飞

出　　版	科学普及出版社
发　　行	中国科学技术出版社有限公司发行部
地　　址	北京市海淀区中关村南大街 16 号
邮　　编	100081
发行电话	010-62173865
传　　真	010-62173081
网　　址	http://www.cspbooks.com.cn

开　　本	720mm × 1000mm　1/16
字　　数	210 千字
印　　张	30
版　　次	2023 年 4 月第 1 版
印　　次	2023 年 4 月第 1 次印刷
印　　刷	北京博海升彩色印刷有限公司
书　　号	ISBN 978-7-110-10524-5 / Q · 283
定　　价	198.00 元

邱园的藏书、艺术和卷宗

英国伦敦的邱园是世界上最大的植物学文献、艺术和档案材料的收藏机构之一。其图书馆馆藏包括18.5万本专著和珍本、约15万本手册、5000本期刊和2.5万张地图。档案馆馆藏包括700万封信件、名录、野外笔记本、日记和手稿。这些藏品述说着邱园作为全球植物信息中心和英国重要植物园的悠久历史。

邱园的插画收藏包含了20万幅水彩画、油画、版画和素描。邱园用了200年将这些作品收集起来，创建了一个关于植物和真菌的特殊视觉记录。其作品包括那些伟大的植物学插图大师，如埃雷特（Ehret）、雷杜德（Redouté）、鲍尔兄弟（the Bauer Brothers）、托马斯·邓肯森（Thomas Duncanson）、乔治·邦德（George Bond）和沃尔特·胡德·菲奇（Walter Hood Fitch）。我们的特殊馆藏包括《柯蒂斯植物学杂志》（*Curtis's Botanical Magazine*）从古至今的原稿，玛格丽特·米恩（Margaret Meen）、托马斯·贝恩斯（Thomas Baines）、玛格丽特·米伊（Margaret Mee）的作品，约瑟夫·胡克（Joseph Hooker）的印度植物素描，爱德华·莫伦（Edouard Morren）的凤梨插画，罗克斯伯格（Roxburgh）、沃利奇（Wallich）、罗伊尔（Royle）等印度艺术家的“公司画派”作品，以及玛丽安娜·诺斯（Marianne North）收藏于邱园以她的名字命名的画廊中的作品。

译编者简介

熊振豪，1994 年 4 月出生，植物学硕士，江苏省中国科学院植物研究所优秀毕业生，硕士期间参与过多项国家自然科学基金项目，参与全国中药资源普查，有丰富的野外考察经验，在动植物方面均有涉猎。主编并出版图书《500种中国野菜识别与养生图鉴》。

译订者简介

李维林，1966 年 11 月出生，植物学博士，药学（药用植物学）博士后，南京林业大学副校长、二级教授，主要从事经济植物引种驯化、资源评价与利用等方面的研究工作。曾供职于南京中山植物园，编著了《治疗糖尿病的中草药》《多肉植物彩色图鉴》等，培育植物新品种 30 多个。

译者序

邱园（the Royal Botanic Gardens，Kew），是世界上非常著名的植物园之一，也是植物分类学研究的中心，我相信这是大多数植物学家和植物爱好者梦想中的地方。本书来自邱园出品的“邱园口袋书”系列，这套口袋书与其说是一本图鉴或科普性读物，不如把它当成一本描绘植物世界的艺术品。不同于今天植物艺术绘画中细腻的笔触和植物科学画中极致的细节，本书中的插图均充满了画家绘制年代的时代特色。

说到绘画特色，本书最大的特点就是收录了一批“公司画派”的植物插图。相信读者很快就会发现本书中的许多绘制于不知名印度画家之手的植物插图，这些画家大多受雇于东印度公司。让我们抛开东印度公司的掠夺性质，暂时把目光放在其对植物艺术创作的贡献上。在东印度公司逐渐在印度站稳了脚跟，成为英国连通亚洲贸易的中转站之后，他们渐渐开始着眼于除矿物、香料和手工艺品之外的艺术品。在十八和十九世纪，这些被派遣到印度的英国贵族很快就迷上了印度这片土地的动植物。一开始，他们仅仅是委托当地的艺术家绘制一些作品供自己欣赏，随后他们发现这些神奇的植物插图深受远在英国的其他贵族和人们的欢迎。于是，他们开始用这些印度艺术家创作的植物插画为咖啡、可可甚至鸦片做起了广告。不过英国的贵族们并不满足于印度的传统绘画，他们更喜欢欧洲的艺术形式，但是他们又希望能买到印度当地艺术家创作的“特色”商品，在这样的需求下，一批印度艺术家开始使用欧洲的水彩，学习西方的绘画形式，将欧洲写实主义的绘画方法和印度拉杰普特，以及莫卧儿帝国的传统画风相结合，这种新的绘画流派被称为“公司画派”。东印度公司没落之后，其收藏的大多数植物作品被转赠至邱园，成为邱园馆藏。得益于此，我们才能在今天欣赏到这样一批充满魅力的艺术作品。

当然，除了“公司画派”的艺术风格，本书中的植物绘画流派可以说是千姿百态。摘自《柯蒂斯植物学杂志》中的作品，更加注重描绘植物的细节；收录自世界各地植物志中的插图则可以反映各地对植物形态的侧重描述方向。不同的艺术风格被野蛮地揉进了这套书内，这也给读者带来了强烈的视觉冲击感。

此外，本书中所描绘的所有植物除学名之外，我都根据原书内容，辅以文化背景将部分植物的俗名译出，这些充满形象且富有生活气息的名字代表着人们对于这些植物最朴实的认知。本书中所有植物的学名均以大号加粗字体标出，俗名以小号字体排列于其后，由于原书中并非所有植物都给出俗名，因此在尊重原著的前提下，我也没有将国内使用的俗名加上，感兴趣的读者可以通过对植物学名的检索，轻松对该植物进行更加详细的探索。

根据原书内容，编者决定将邱园目前出版的10种口袋书分为观赏和实用两大类。本书为实用类，包括本草图谱篇、真菌篇、节庆植物篇、水果篇，以及药草和香料篇。在本书中，你可以深切感受到植物是如何影响和参与人类文化、如何在长达几千年的人类文明中逐渐融入人类社会的。受到《本草纲目》影响的日本药草文化，既是美味又是毒药的美丽菌类，不同的植物会以各种各样的身份参与到人类文明的重要节日当中，你手中的水果真的一开始就是现在的样子吗？在世界的其他角落，人们的锅中又会放着什么样的香料来制作美食？本书将带给你答案。

无论你因为什么翻开这本书，都希望它能为你的生活增添一分色彩，如果能因为此书爱上这个美妙神秘的植物世界，那这就是我决定翻译此书的初心所在了。

熊振豪

2022年10月

目录

CONTENTS

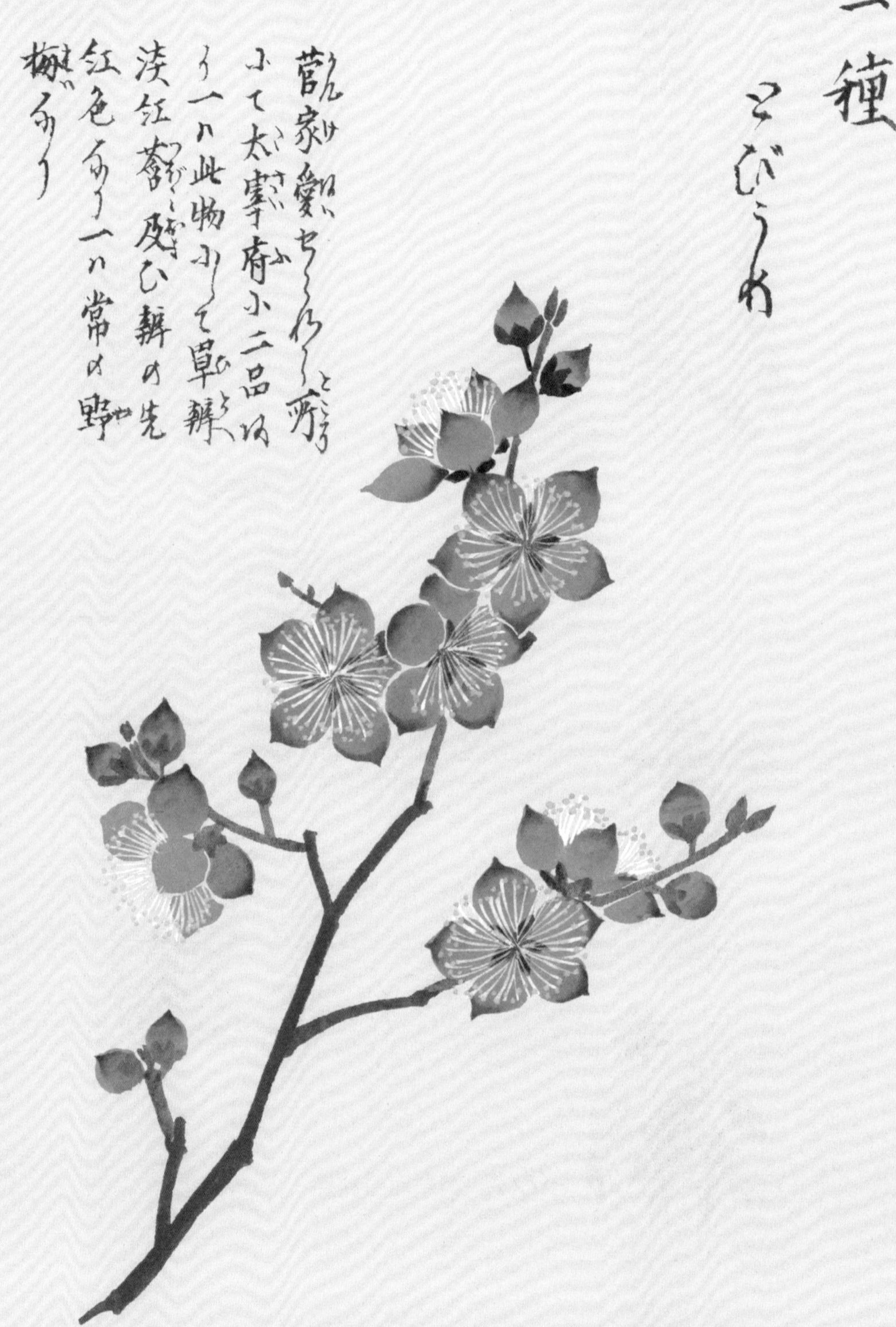
一種　とびうめ
菅家愛せられし所にて太宰府に二品あり一ハ此物にして單瓣淡紅蕚及び瓣の先紅色なり一ハ常の野梅なり

Honzō Zufu

本草图谱篇

策划：吉娜·富勒洛芙（Gina Fullerlove）

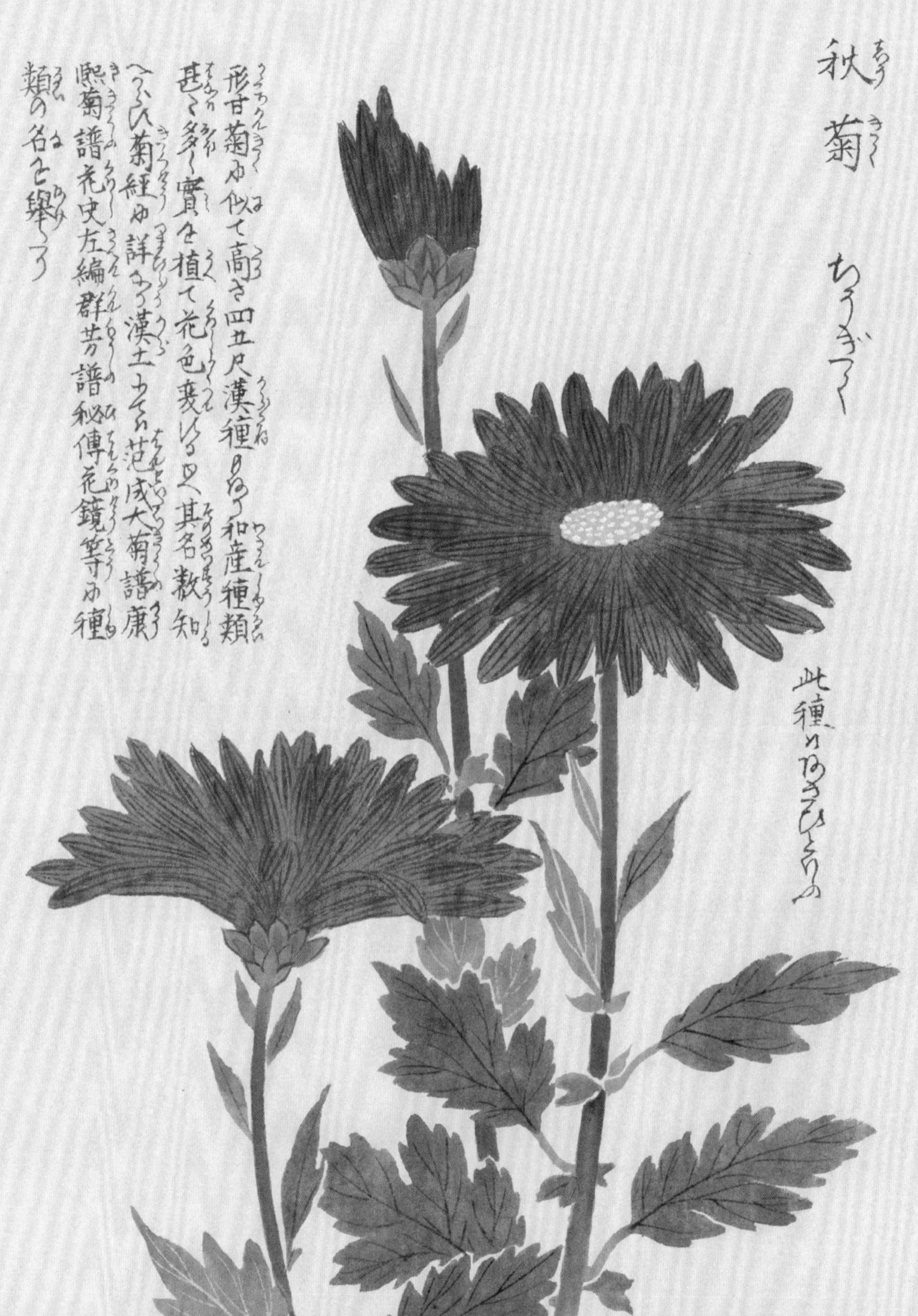
秋菊
形甘菊に似て高さ四五尺漢種あり和産種類
甚だ多し實を植て花色爽るゆへ其名數知る
べからず菊經に詳なり漢土にも范成大菊譜康
熙菊譜花史左編群芳譜秘傳花鏡等に種
類の名を擧てあり

篇首语

保存在邱园图书馆、艺术和档案馆的这套《本草图谱》是其最珍贵的财富之一。它的标题可译为“药用植物图解手册”，该书最早可以追溯到江户时代（1603—1868 年）后期。本套书共分 92 卷，采用日式的对开页风格手稿印刷，文字为日文。

该书的作者岩崎常正（Tsunemasa Iwasaki，1786—1842），通常也被称为岩崎康恩（Kan-en Iwasaki），或简称为康恩（Kan-en），这个笔名的意思是“灌溉植物的花园”。他是为德川幕府服务的武士，也是一个天生的博物学家，他从年轻时就对植物感兴趣，在江户（德川幕府的首都，现在的东京）附近的地区收集鲜花和草药。他还在自家花园和从幕府借来的田地里种植药用植物。

康恩于 1828 年完成了《本草图谱》的原版，并由其儿子信正（Nobumasa）在 1830—1844 年继续完善并出版。这套书包含大约 2920 幅插图，展示了康恩的绘画技巧和创造力。每种植物都有简短的文字说明，有的仅给出了名称，有的还给出了产地，以及其他如大小和开花时间等重要的细节。

1830年发行的前四部分采用了手绘木版画的形式。此后，各卷基本上都是手稿形式，文字用细笔书写，插图为手绘的精美水彩画。这套书以每年约4本的速度出版并发售至已经订阅的客户。据说有一套曾被赠送给幕府将军。

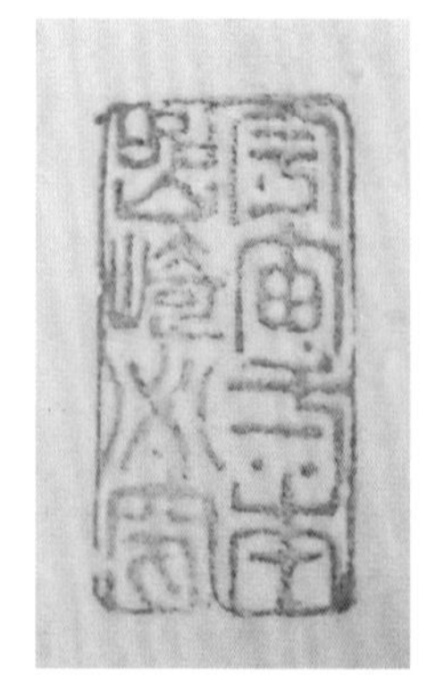

康恩本人制作过几套《本草图谱》的真品副本，其余副本则由其监督下的雇用画师完成。目前只有几套完整的真品存世：在日本仅有6套，在世界其他地方更少。真品上有两种印章。其中一种章刻是 Uchu Ippon Iwasaki Hikkyu，被印在每卷书的内封面上，这个章被认为是版权声明。在送给邱园的这套书中，除了第八卷，其余都是真品。

尽管本部分最初的目的是介绍草药，但在19世纪上半叶，《本草图谱》成为日本所有栽培植物的指南。即使在今天，它仍然被认为是日本古老的栽培植物的名称和发现时间的重要来源，也是外国植物引进日期的记录。

日本使用药材的传统来自中国，与儒家思想有关。由中国医生和草药学家李时珍（1518—1593年）编写的《本草纲目》在日本被称为《本藏经》（*Honzō Kōmok*），其在整个江户时代被视为草药学圣经。植物学家小野兰山（Ranzan Ono，1729—1810年）在研究了《本草纲目》之后，有了将其进行本土化整编的想法。岩

崎康恩在小野兰山手下学习了一年，并将《本草纲目》作为《本草图谱》中植物种类和排序的基础。

由于当时的锁国政策（于1853年正式废除）限制了植物的引进，日本的园艺师和植物爱好者利用已有的栽培植物进行进一步的培育。其中被广泛种植的绣球花中的拖把头不育品种，是从野生的花边型品种培育而来的。早春的花朵尤其受到重视，植物学者至今仍然热衷于收集和种植各种颜色的雪割草。百合花也很受欢迎，特别是红色条纹的百合花，以及双层的虎皮百合。第35页展示的粉红色品种是由中国石竹（*Dianthus chinensisand*）和日本瞿麦（*D.superbus*）的杂交品种衍生出来的，花瓣具有细小开裂。第10页中的两种日本玉竹属植物（*Polygonatum involucratum*，*P. humile*）在中国也被广泛种植。灌木类的南天竹（*Nandina domesticawas*）也由于很受欢迎，进而被培育出许多品种且被广泛栽培；如第86页所展示的品种，其叶片相较普通的南天竹更为扭曲，导致其在最初很难被识别。

古代日本从中国引进的古老植物是日本园丁重要的传统日式园艺植物资源，他们选择其中奇特的变种并继续培育成新的品种。其中最受欢迎的是各式品种的菊花、开花较早的春梅（*Prunus mume*）、牡丹、茶花和玫瑰。重瓣石榴也通过中国从原产地西亚传到了日本，罂粟（*Opium Popp*）也是如此，在第59页上展示的是观赏性的罂粟，而不是药用的。作为最古老的栽培植物之一的豌豆（*Pisum sativum*），原产于地中海西部，很可能也是沿着这一路线到达日本的。中国的药用植物也被广泛种植。常见的中国药用贝母属植物浙贝母（*Fritillaria thunbergii*）是根据日本栽培的品种命名的，但第 19 页上的插图看起来像是来自中国东部的稀有品种安徽贝母（*F.anhuiensis*）。

尽管日本政府试图阻止外国（尤其是欧洲）的影响，但到 19 世纪 30 年代，更多的外来植物悄悄地与传统品种一起扎根于日本的花园。有些植物起源于南非，可能是荷兰人从他们在开普[①]的殖民地带来的。到 1830 年，日本就有了来自南非开普地区的血百合（*Haemanthus coccineus*）这种非常不符合日本风格的球茎植物，以及来自非洲的植物，如观赏性常绿灌木柳叶木百合（*Leucadendron salignum*）。在这个时期，被收录进图鉴的植物极少起源于美洲，尽管这些植物此时已经被普遍种植于印度。而有一种彩色玉米，在当时可能是出于观赏目的而不是作为食物而被种植。

在欧洲人眼里，这套书中的插图可能看起来非常有日式风格，但即使不了解日文，所有图片中的植物都可以被准确识别。在编写这套书的时候使用的是日本创立的命名系统，该系统与林奈的双名法有所不同，但具有同样的准确度。1829 年，著名医生和自然学家伊藤庆介（Keisuke Ito，1803—1901 年）将林奈命名系统

---

① 开普是荷兰和日本之间航路的重要停靠点。——译者注

中的拉丁名和日本名结合了起来。

几十年后，1886 年 6 月 3 日，庆介写信给他当时正在邱园和剑桥学习的孙子植物学家伊藤德太郎（Tokutaro Ito，1866 — 1941），说要给他寄一套《本草图谱》。为了将这套书扬名天下，德太郎于1886年12月7日将这套珍贵的礼物捐赠给了邱园标本馆。

马丁 · 里克斯（Martyn Rix）
柯蒂斯植物学杂志编辑
山中正美（Masumi Yamanaka）
英国皇家植物园 · 邱园植物艺术家

本草图谱篇

本篇收录了日本《本草图谱》中的日式艺术作品，该书于江户时代后期由岩崎康恩编纂，记录了日本的珍稀植物。本篇中的 40 幅插图向我们真实地展示了收藏于世界上最大的植物图书馆之一的邱园图书馆、艺术珍藏和档案馆中的《本草图谱》的珍贵副本。

植物学家马丁 · 里克斯和植物艺术家山中正美撰写本篇的篇首语，向读者讲述了《本草图谱》诞生的故事。本篇中每幅画都有详细的说明，使得本篇内容充满魅力。

天師栗
とち

No1

二苞黄精 鳴子百合
小玉竹 黄精

二苞黄精和小玉竹都是百合科的草本植物。二苞黄精的筒状花序上有两个叶状的苞片，在花朵还未绽放的时候宛如一个穿着绿色裙子的小人儿在林荫下随风舞动，具有相当特别的观赏性。相较之下，小玉竹的白色花朵则朴素许多。两者的根状茎均可入药，是中医常用的药材之一。

插图来自《本草图谱》卷5。

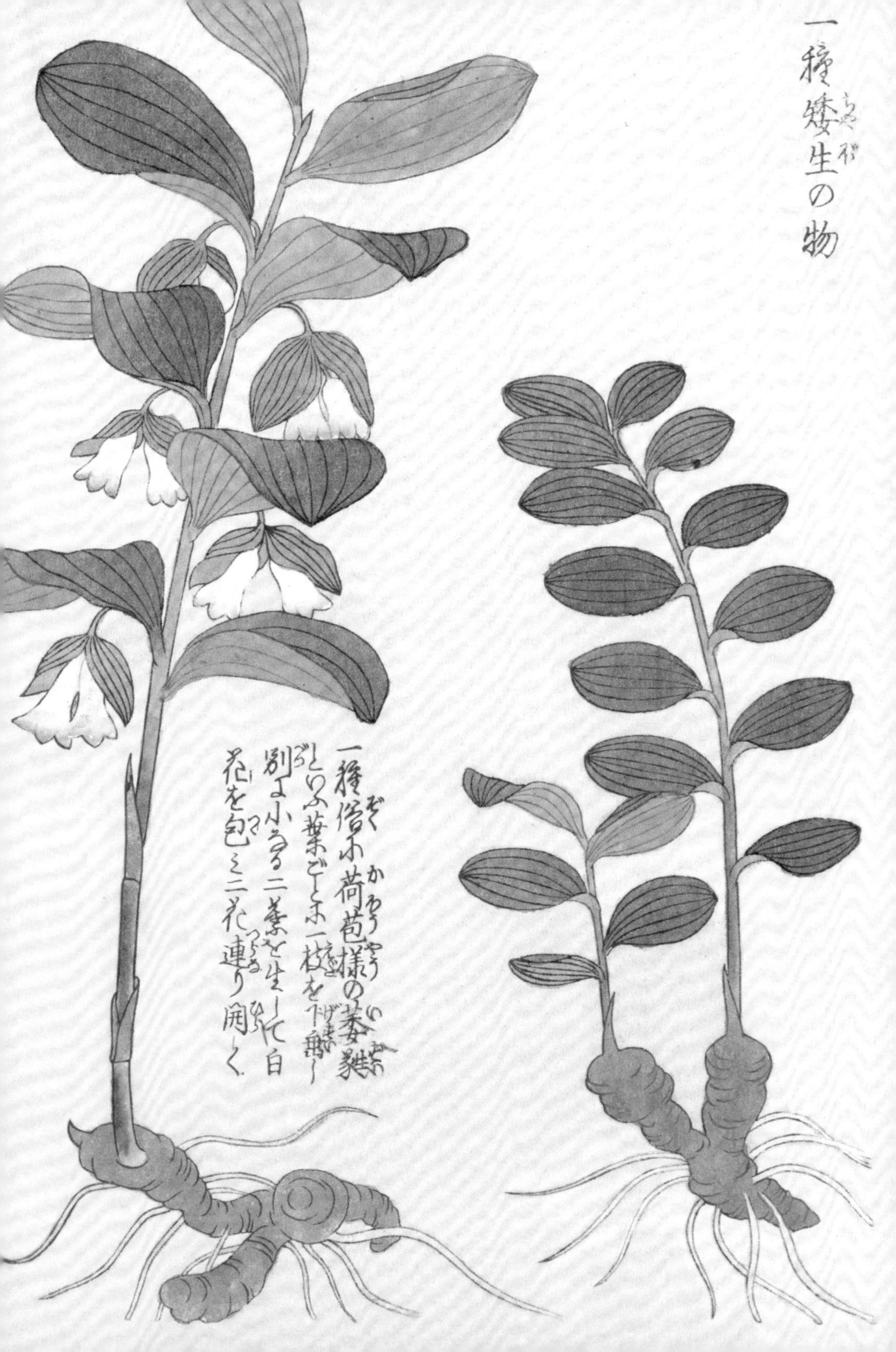
一種萎生の物
一種俗に荷苞様の萎蕤
といふ葉ごとに一枝を下垂し
別に小なる二葉を生じて白
花を包み二花連り開く

仙茅　きんばいざく

紀州熊野駿州冨士肥前八郎山等ニ生ス葉ハ藜蘆ニ似て瘠小一根叢生シ根上ニ六瓣の黄花を開き後実を結ぶ芸薹子ニ似て黒色あり

No2

仙茅 金百叶

仙茅属于仙茅科仙茅属的草本植物。因为古人认为食用它的根状茎可以益精补神，羽化登仙，且它的叶片形似茅，故取名“仙茅”。现如今，大多数人早已不相信成仙之事，但由于这个传说，许多人会把仙茅当成大补之物，但其实仙茅具有一定的毒性，切忌随意食用。

插图来自《本草图谱》卷6。

№3

白及 石兰

白及是兰科的草本植物，具有一个扁球形的块茎。白及的名字出自《本草纲目·草部·白及》：其根白色，连及而生，故名白及。而白及的药用部位正是它的块茎，具有收敛止血的功效，也常常作为药膳和燕窝、羊肝一同食用。

插图来自《本草图谱》卷6。

一種
白花の物

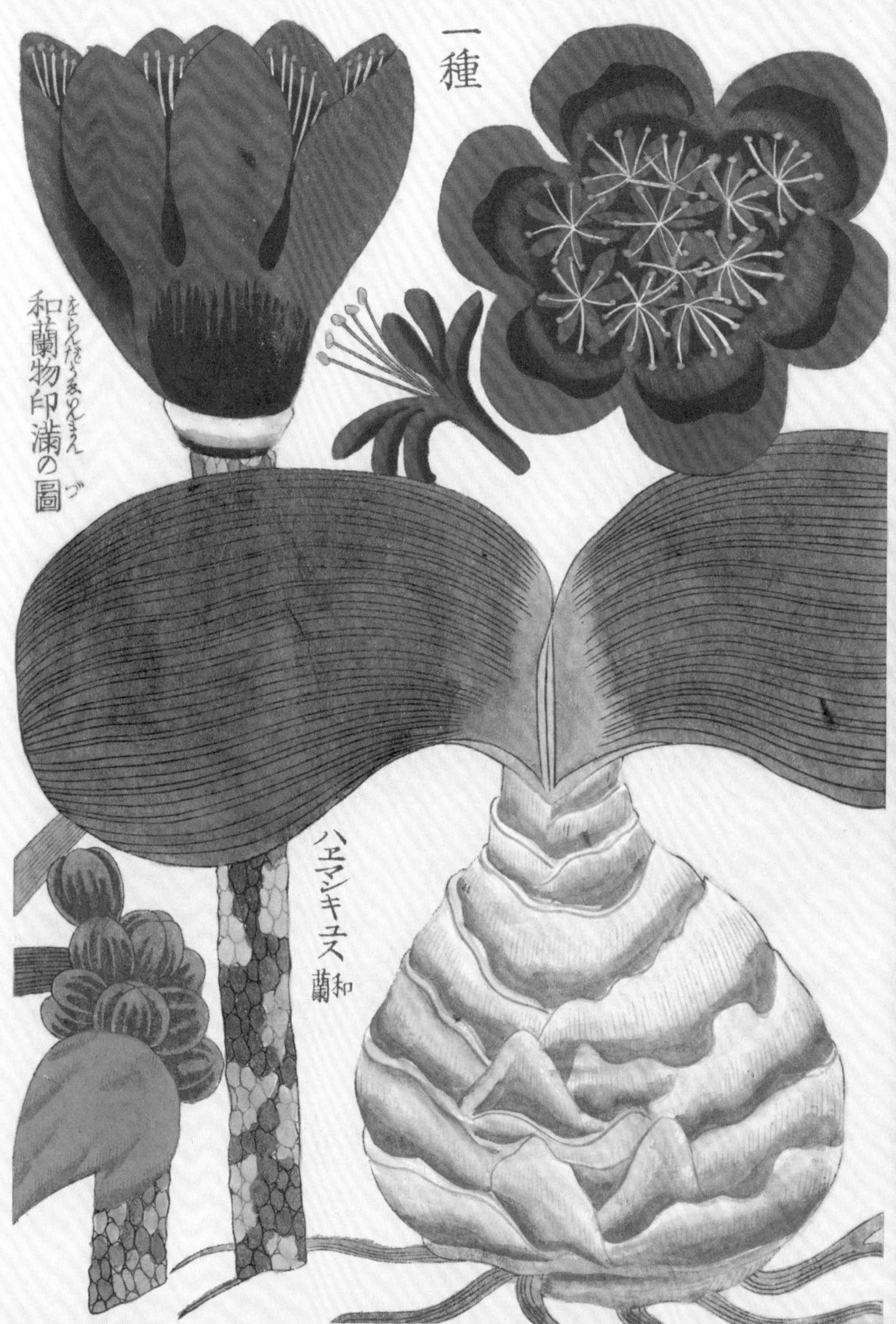
一種
和蘭物印滿の圖
をらんだぶつゐんまんのづ
ハエマンキユス
和蘭

No4

血百合

血百合是一种多年生鳞茎植物，因其和彼岸花相似的颜色和形态，被称为欧洲彼岸花。血百合在夏季会有一个休眠期，不开花、不长叶，整个茎藏在地下以减少高温带来的水分蒸发。到了秋天，血红色的花朵便会从地下破土而出。

插图来自《本草图谱》卷 7。

No5

安徽贝母 花格贝母

贝母是百合科的多年生草本植物，由于花朵形似几瓣贝壳组合在一起，因此得名“贝母”。贝母大多会以其鳞茎入药，具有止咳化痰、清热散结的功效。安徽贝母是中国安徽地区特有的品种，暗紫色的花瓣上分布有白色斑块，犹如棋盘。

插图来自《本草图谱》卷7。

種
物印満の圖ニ花紅白相雑るものあり奇品なり
フリアキイヒツブルーム 和蘭

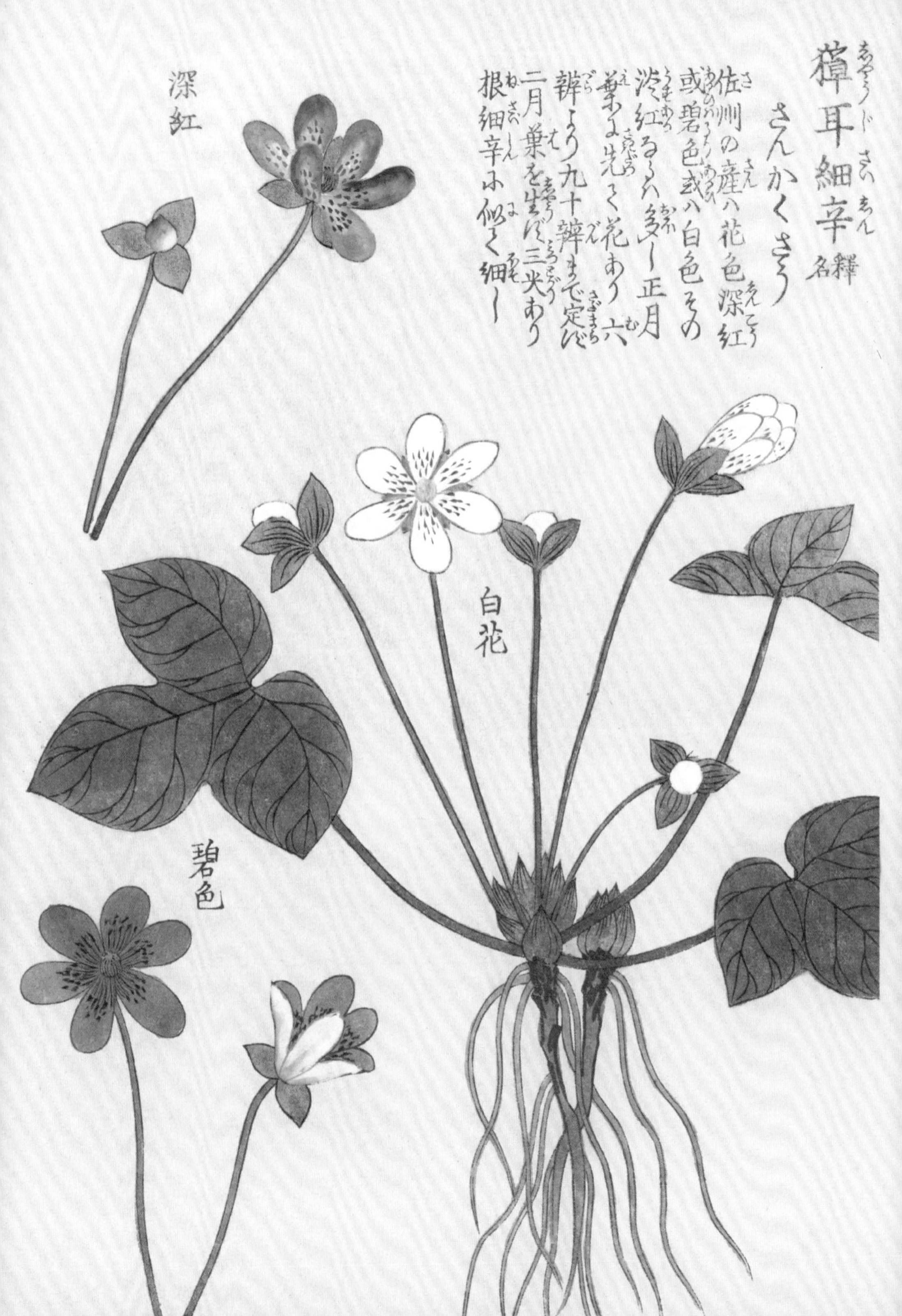
獐耳細辛 名釋
さんかくさう
佐州の産ハ花色深紅
或碧色或ハ白色その
淡紅なるも多し正月
葉より先に花あり六
瓣より九十瓣まで定らず
二月葉を生ず三尖あり
根細辛に似て細し
深紅
白花
碧色

No6

雪割草 幼肺三七

雪割草是毛茛科多年生草本植物，原产于日本北海道。雪割在日语中是破雪而出的意思，意指雪割草的花会在冬春交际、积雪未化之时破土而出，象征着春天的来临。淡雅青紫的雪割草在日本与樱花齐名。

雪割草在中国也有白色的原生种,《本草纲目》中记载:“二月生苗，先开白花，后方生叶三片，状如獐耳，根如细辛，故名‘獐耳细辛’。”

插图来自《本草图谱》卷8。

No7

黄花鹤顶兰 佩兰

鹤顶兰因其花朵美丽，花瓣飘逸，形似飞舞的仙鹤而得名。而黄花鹤顶兰，花如其名，花朵呈亮黄色，叶片上也分布有黄色的斑点，极具观赏价值。

插图来自《本草图谱》卷 10。

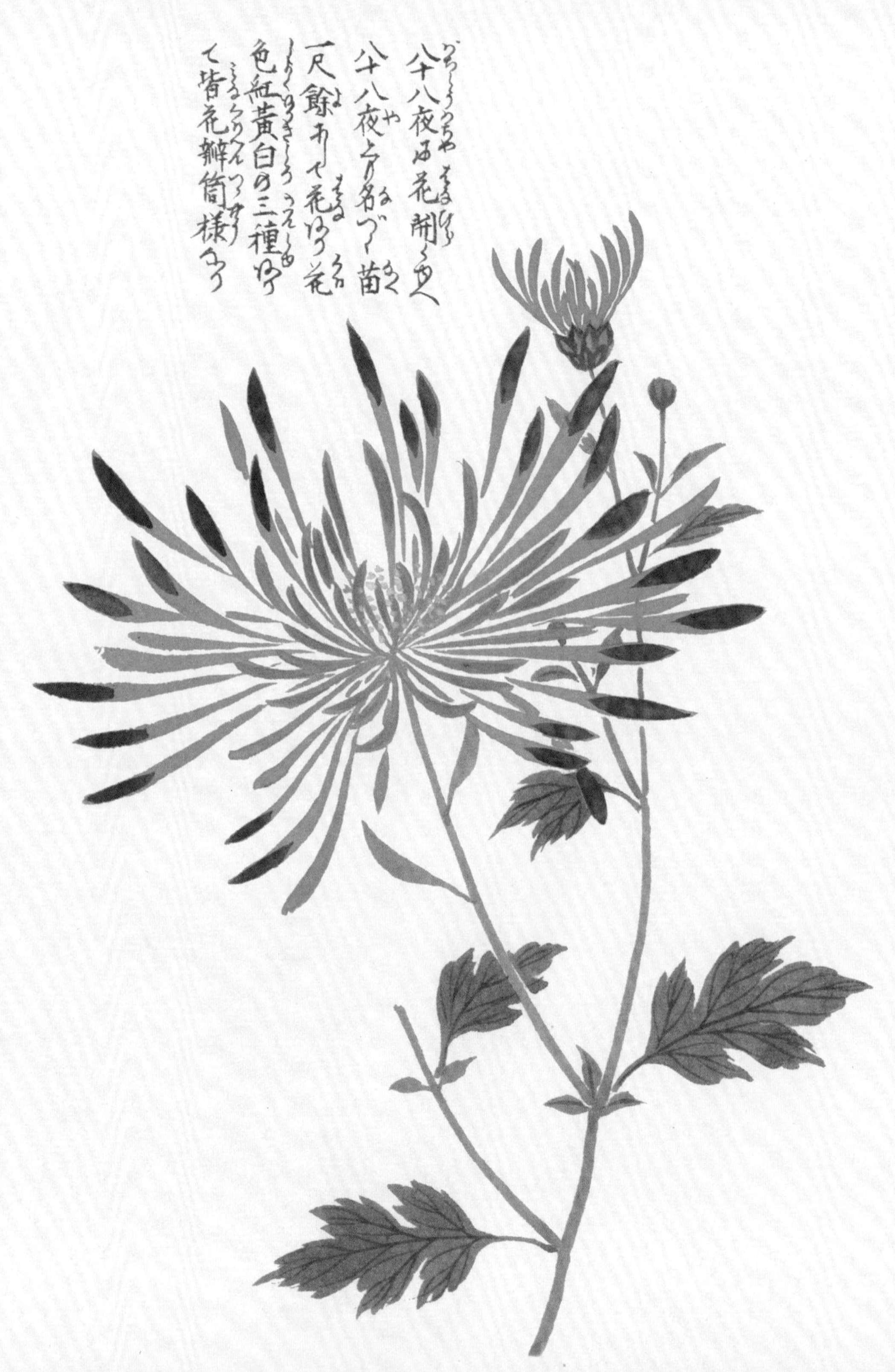

八十八夜は花開く也
八十八夜と名づく苗
一尺餘ありて花なり花
色紅黄白の三種なり
て皆花瓣筒様なり

No8

菊花 贺菊

菊花在中国的种植历史源远流长，早在战国时期，菊花就已经被作为食物种植，除了用来烹饪，还可以用来酿酒。自宋朝起，人们开始以观赏为目的种植菊花，迄今为止，经过培育，已有7000多个菊花品种。

插图来自《本草图谱》卷13。

No9

大花益母草（阿尔巴变型）

大花益母草

大花益母草属于唇形科多年生草本植物，该科植物的特点是有着四棱形的茎。大花益母草的花围绕着叶片基部围成了一个圈，被称为轮伞花序，白色或淡红色的花朵虽不如大多数的观赏花卉那般艳丽，但也有一种清新淡雅的独特味道。大花益母草的地上部分均可入药，具有行血散瘀的功效。

插图来自《本草图谱》卷 14。

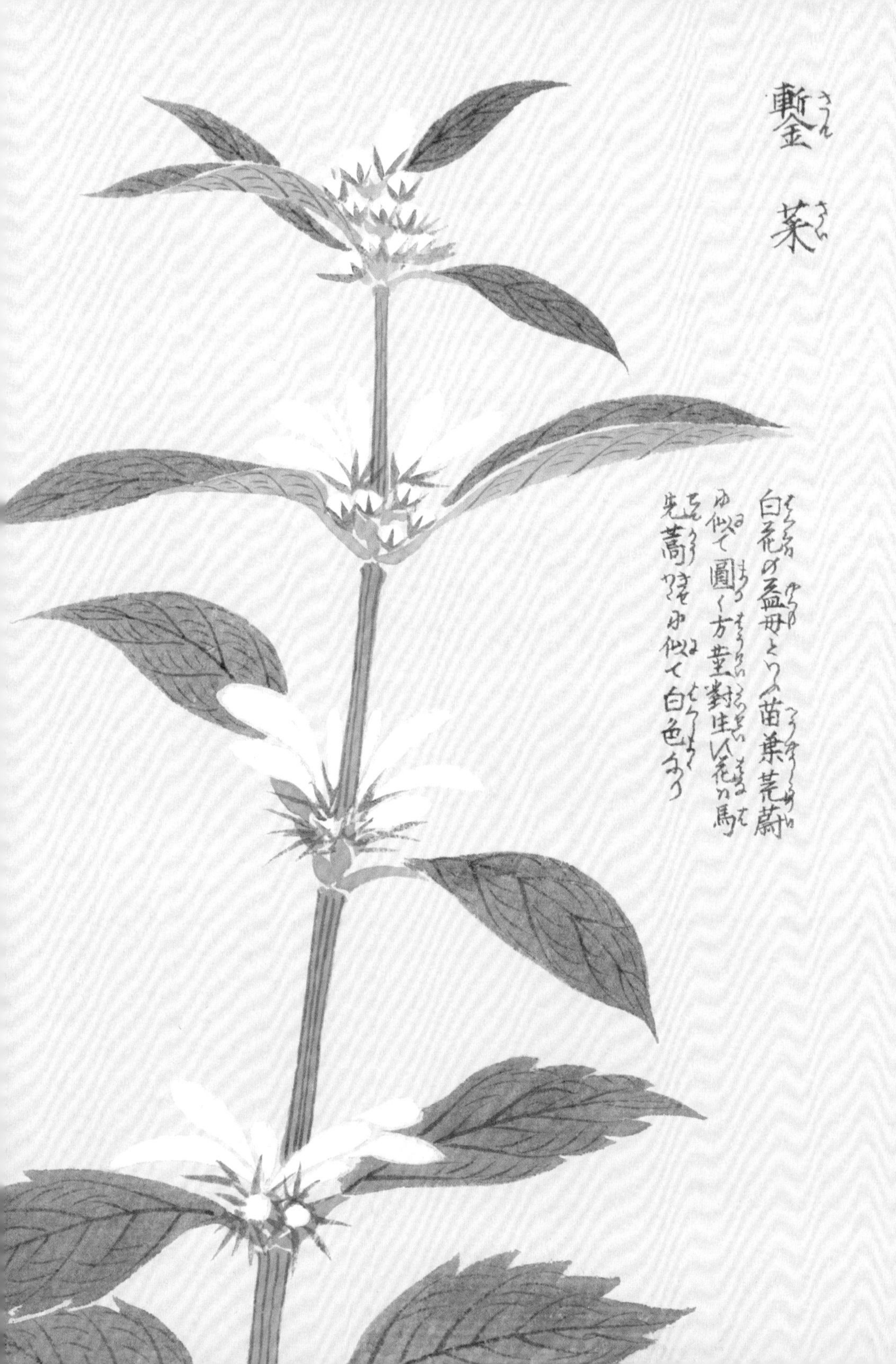
鏨菜
白花の益母とりの苗葉茺蔚
に似て圓く方莖對生し花ハ馬
先蒿に似て白色なり

十様錦
ふしき
けいとう
春の葉緑色後紅色
黄色の葉雑り生を

№10

苋 约瑟彩衣

大多数人对于苋的认知始于能把米饭染红的苋菜，苋菜的这种能力来源于其体内的苋菜红素，因此苋菜也被称为“补血菜”。除了作为食物，苋菜其实也是一种优秀的观叶植物，苋的叶片颜色多变，有时甚至在一片叶子上可同时显现出多种颜色。

插图来自《本草图谱》卷 15。

№11

溪荪 血鸢尾

溪荪是鸢尾科多年生草本植物。鸢尾科的学名是*Iris*，其来源正是希腊神话中的彩虹女神，这也表示鸢尾花朵的色彩繁多。溪荪的花朵呈蓝色，明艳美丽。茎和叶可以用来造纸，根茎捣烂后外敷具有消肿清创的功效。

插图来自《本草图谱》卷16。

一種
かまやましやうぶ
琉球釜山より来るといふ葉形は常の
より長く三尺許花深紫色にて美し

酸漿 ほうづき

勢州布引山の傍ほうづき谷に自生多し又人家多く栽春月宿根より生ズ葉ハ茄葉に似て紫色あらズ一節に二葉並ひつき其間より花を開く一瓣にて五尖にして茄花に似て黄白色後實を結ぶ殻の形燈籠の如く又縁草子の如し熟せバ紅色なり中の実拇指頭の大きさにて正圓なり鬼灯ハ又一殻の中に実二箇並着くものなり∴

∴一種丹波ほうづきハ形状尋常のほうづきに似て葉茎長大□

□殻長くて尖り ほう實のまゝ大なり

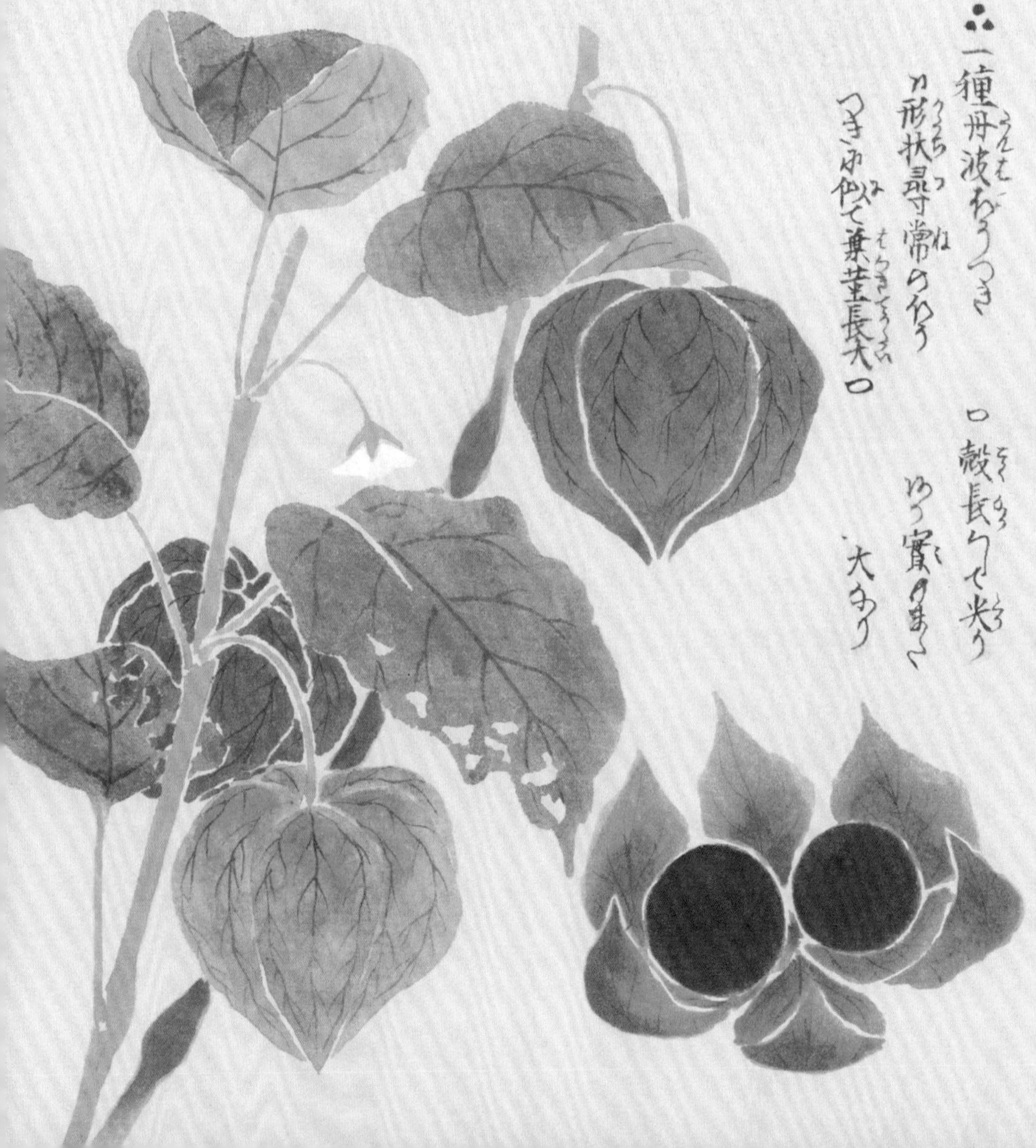

No12

挂金灯 酸浆

挂金灯是茄科酸浆属的植物，它的属名*Physalis*来自希腊语，意思是“气泡”。而挂金灯的果实就是被这个红色的、由花萼长成的“气泡”包裹在内的。挂金灯成熟之后，外面的花萼会变成鲜艳的红色，在绿叶的衬托下，宛如一个个红色的小灯笼。

插图来自《本草图谱》卷17。

№13

瞿麦（中国杂交长萼变种）

抚子

作为石竹科的一员，瞿麦完美地继承了石竹类花卉色彩多变、花瓣有裂片的特点。瞿麦中“瞿”字有着四通八达之意。而相比于石竹花花瓣宛如刨完铅笔的木屑一般的裂片，瞿麦的花瓣会裂成长长的花丝，四散而开，花如其名。

插图来自《本草图谱》卷 18。

石竹と同物とするハ誤りなり
さいく通雅に辨ス

一種 きなでしこ

石竹 通名

一名 大南竹 邵武府志

海邊の砂地に宜し江戸本所にて多栽ゆ花色多し
草花譜の紅麥の類なり

一種 いまつりん
又ちるなでしこ とも云

一種
すゞぎく
茎の頂に葉あつまりつきて菜の花の形をなせる故に名つく
くさときりさう
俗にをとんぐ甘遂といふ白髮根
上中に有りて春苗を生じ形状甘遂に
似て但かるの三夏秋の間枝を生じ
枝の頂に華簇生して菜花の如し一説に
江戸戸田の原に有と云

№14

乳浆大戟 户田草

乳浆大戟为大戟科多年生草本，有一对心形苞片，俯视之下像一只猫眼，又被叫作猫眼草。乳浆大戟的外貌平平无奇，混在杂草丛中毫不起眼，但是它的体内具有白色的乳汁，皮肤接触之后就会出现红肿，如不慎入眼，甚至会造成失明。

插图来自《本草图谱》卷21。

No15

日本粗齿绣球 绣球花

绣球花的观赏性毋庸置疑，花朵大而圆润，色系跨度极长，诸多优点让它成为越来越多城市绿化的亮丽风景。绣球花是一种重要的土壤酸碱指示植物，在酸性土壤中呈蓝色系，而随着酸碱度升高，颜色会逐渐向粉色系转变。

插图来自《本草图谱》卷21。

一種 がく
胡蝶 廣東新語
蛺蝶花 同上
玉繡毬 花暦百詠
麻葉粉團 遵生八牋
壽錦 陽春縣志
碧繡毬
常熟縣志に花に深叢簇如毬色白帶浅碧といふ
山中陰地に生ハ葉ハ錦帯花に似て對生し花ハきあすちやに似て中の小花碧色周の花ハ白色あり日を經て梢紅紫色を帶ふ

こやまぶき

No16

空心泡 酴醿

空心泡为蔷薇科悬钩子属灌木，枝上和大多数蔷薇科植物一样具有皮刺。相较于蔷薇，重瓣空心泡更易种植，而且花枝繁茂，香气浓郁，果实在成熟后会变成红色，可生食，也可酿酒，是一种优秀的观赏花卉。

插图来自《本草图谱》卷25。

No17

月季 中国玫瑰

月季作为古老的观赏花卉，在近代被赋予了代表爱情的含义。迄今为止，月季的品种早已数不胜数，并且仍然有源源不断的新品种被培育出来。

插图来自《本草图谱》卷 27。

一種
ぶたんばら

さんせうばら

No18

缫丝花 灌木玫瑰

缫丝花为蔷薇科灌木，重重叠叠的花瓣使它多了一丝高贵典雅。但缫丝花开始为人所知并不是因为它的花，而是因为它橙黄色带有尖刺的果实“刺梨”，这种富含维生素的果实有着“维 C 之王”的称号，即使生食口感不佳，但仍旧被制成干果片、果酱、果脯等食品。

插图来自《本草图谱》卷 27。

No19

铁线莲 铁线牡丹

铁线莲虽然有着这样一个平平无奇的名字，但其实是园艺中最著名的观花藤本植物。铁线莲有着丰富的花朵形态，从花形到颜色，铁线莲花朵的种类数不胜数，而且直到现在，人们依旧热衷于培育出更多、更好看的铁线莲品种。

插图来自《本草图谱》卷29。

一種
八重ふぢ
南蛮ふぢ

No20

紫藤 中国紫藤

也许每个学校都会有一条紫藤长廊，紫藤花盛开的样子也刻入了每个人的青春。紫藤是藤本植物，需要攀缘而上吸收阳光，绕树而生，不能独活，因此紫藤的花语是为情而生，无爱而亡。

插图来自《本草图谱》卷32。

No21

雨久花 水风铃

雨久花正如它的名字一样，是一种喜欢潮湿环境的草本植物。雨久花有着蓝色的花朵，盛开之后大而美丽，宛如飞舞在河边的蓝色小鸟。雨久花还有一个亲戚，就是人们都很熟悉的水葫芦。

插图来自《本草图谱》卷 33。

一種
白花の物
一種
淡紅花の物

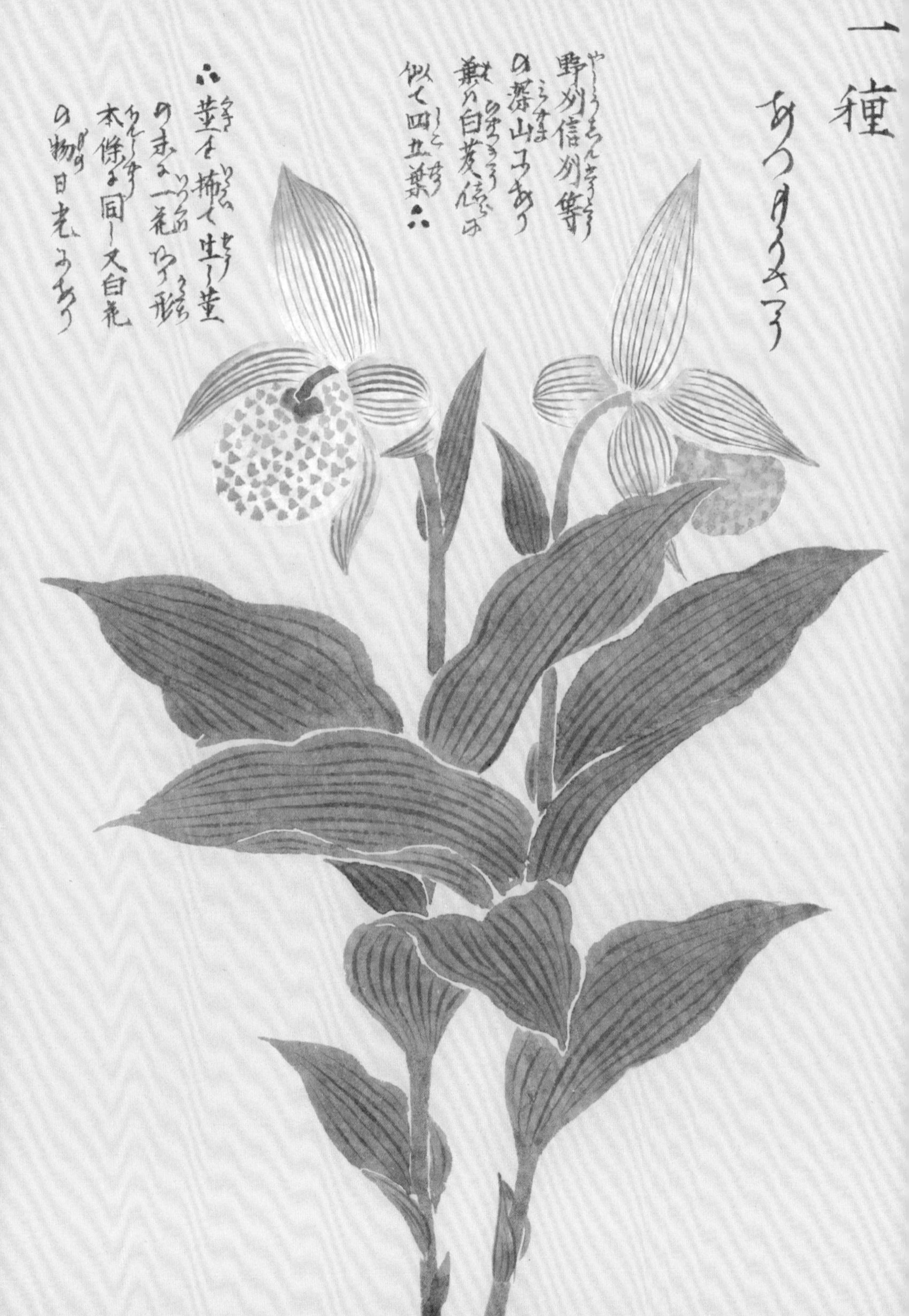

一種
あつもりさう
野州信州等の深山にあり
葉は白芨に似て四五葉
∴茎を揷て生ず茎
の末に一花咲く形ち
本條に同し又白花
の物日光にあり

№22

美丽杓兰 日本拖鞋兰

兰科植物具有非常久远的历史，即使到了今天，兰科植物依旧充满神秘色彩。虽然没有弄明白兰花身上所有的秘密，但这并不妨碍人们欣赏兰花的美丽。具有小兜子一样唇瓣的杓兰正是其中一员，圆圆的兜子宛如一个陷阱，吸引着昆虫进入，被困的昆虫必须艰难地挤过一个狭窄的通道才能逃脱。而在此期间，昆虫会沾上杓兰的花粉，帮助杓兰完成传粉的过程。

插图来自《本草图谱》卷39。

早中晩の三種
有り初夏種を
下ひ粒細小にして
毛茸多く深黄色なり
中すくなうあれ又こせん
あわともと云ハ粒小く色
白し古説粱の集解の白
粱るこなれ黒く穤なれハ今
此よ取ひ華夷考に有漫青色
白如銀といへり

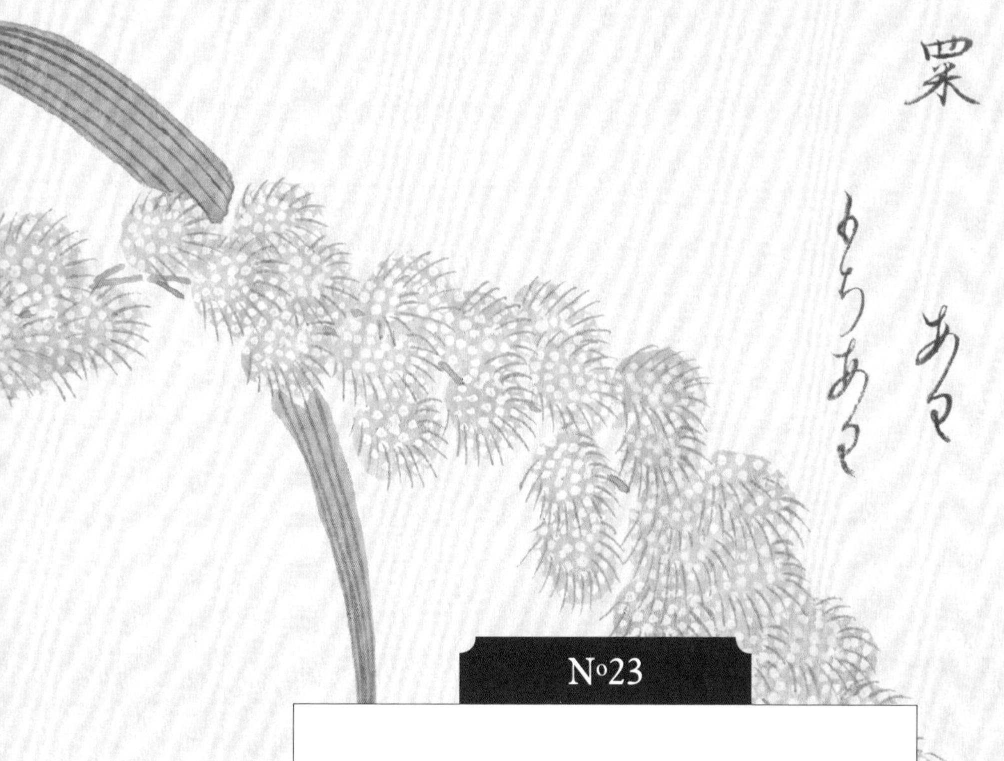

No23

小米 梁、粟

小米为禾本科一年生草本植物。小米下垂的圆锥花序很像狗尾巴草，有着黄色的花。小米和我们所说的高粱并不是同一种植物，小米的谷粒是我们吃的小米，不仅可以食用，也可入药；而高粱的谷粒则是高粱米，主要用于酿酒。

插图来自《本草图谱》卷29。

一種

紫色黄白色相雑る物

一種

赤色の物糯あり

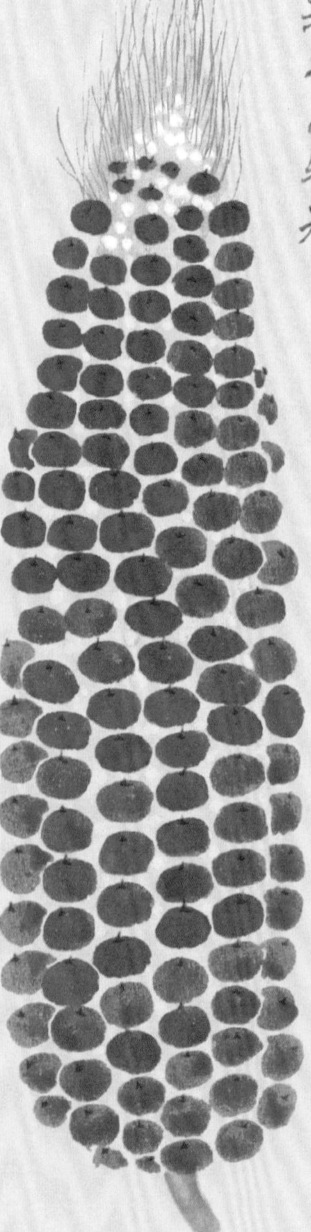

No24

玉蜀黍 玉米

说起玉蜀黍，人们可能不知道是什么，但是说起它的另一个名字“玉米”，几乎就是人尽皆知了。作为世界三大粮食作物之一，玉米早已进入千家万户。近些年流行起来的“玉米笋”正是玉米没有受精的雌花序，而图中这种彩色玉米是由玉米粒中花青素含量的不同导致的，具备一定的观赏价值。

插图来自《本草图谱》卷41。

No25

罂粟

罂粟因其能生产鸦片、海洛因等毒品而被人熟知。但由于罂粟的花朵艳丽且善于变化，因此早在唐朝的时候，它是作为观赏花卉而被引入中国的。罂粟的毒性主要来自其果实中乳白色的汁液和晒干后的罂粟壳，而罂粟籽的毒性几乎可以忽略不计，并且在现在的部分地区，罂粟籽仍然是一种常见的食品。

插图来自《本草图谱》卷42。

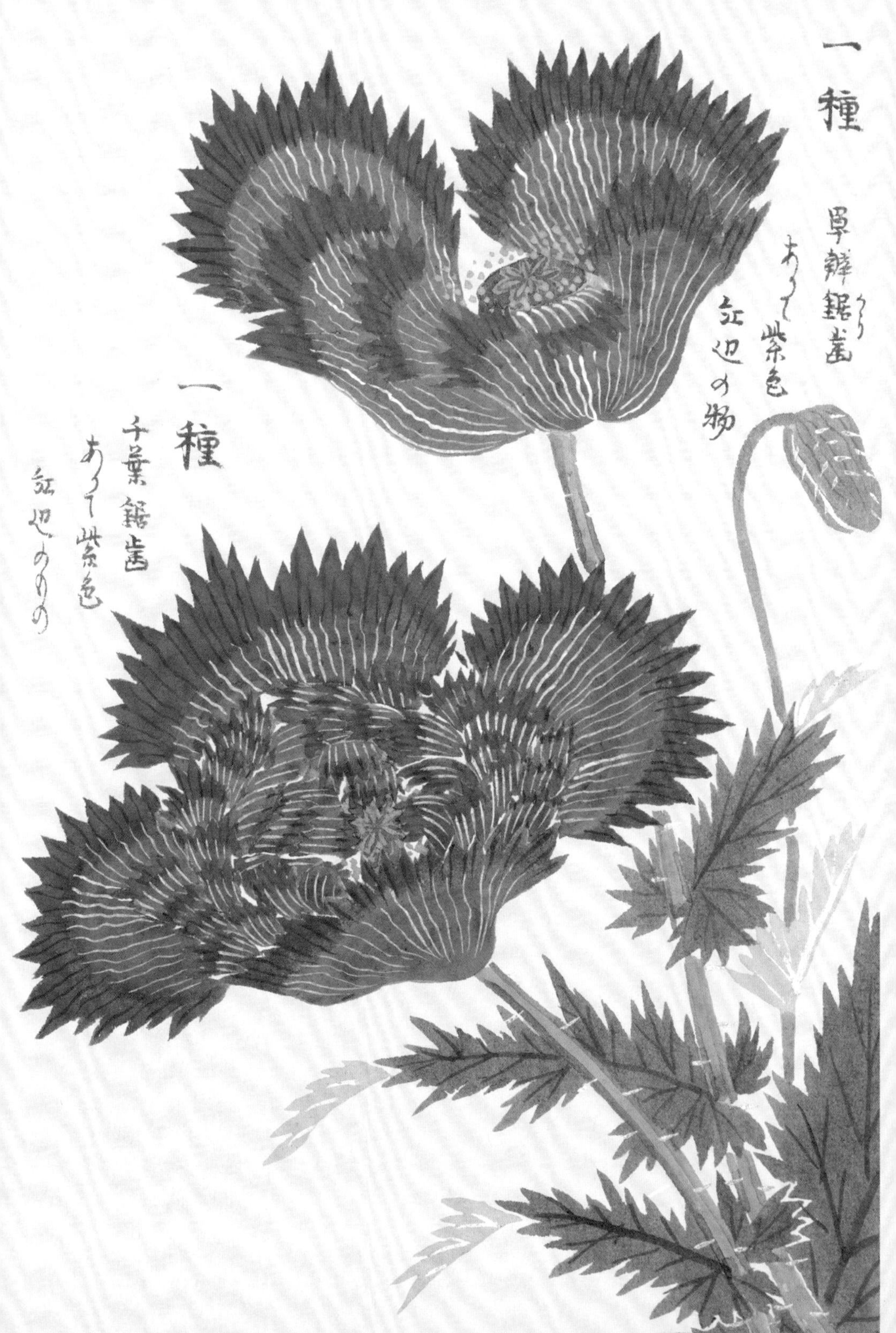
一種
單瓣鋸り歯
あって紫色
紅辺の物
一種
千葉鋸歯
あって紫色
紅辺のもの

豌豆
のらまめ 和名鈔
ゑんどう

No26

豌豆 青豆

豌豆作为食物的种植历史非常悠久，最早可以追溯至6000年前，豌豆较高的产量和强大的生命力使它成为饥荒年代的重要食物来源。而如今，即使人们已经不为饥荒所扰，豌豆中丰富的蛋白质、膳食纤维及微量元素依旧保证了它的上桌率，甚至在近些年，人们还开发出了豌豆苗这样的新鲜吃法。

插图来自《本草图谱》卷43。

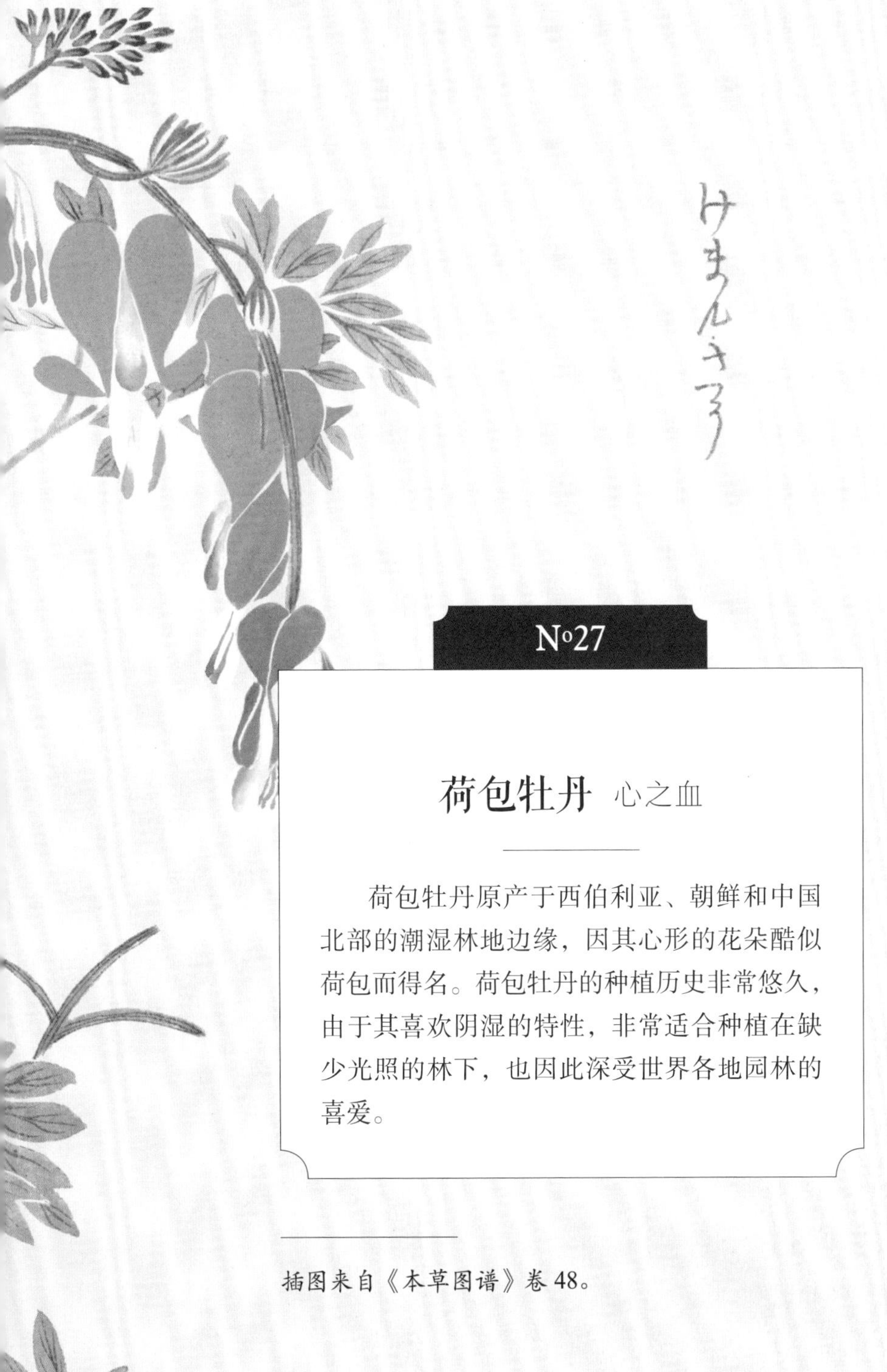

Nº27

荷包牡丹 心之血

荷包牡丹原产于西伯利亚、朝鲜和中国北部的潮湿林地边缘，因其心形的花朵酷似荷包而得名。荷包牡丹的种植历史非常悠久，由于其喜欢阴湿的特性，非常适合种植在缺少光照的林下，也因此深受世界各地园林的喜爱。

插图来自《本草图谱》卷48。

黄独
けいも
かしら
せんふ
释名
大和本草
别桐
ひぶ
ちろぶ
へんりつも
苦薯
仙台
武邵府志

No28

黄独 气薯

黄独是薯蓣科的藤本植物。这种植物的果实形似“山药豆”，但生有粗糙颗粒的表皮远不如山药那般光滑。早在中国汉朝时期，人们就开始食用黄独，而关于黄独的名字，蔡梦弼对于《本草》的注解是：“岁饥土人掘以充粮，根惟一颗而色黄，故谓之黄独。”

插图来自《本草图谱》卷50。

No29

重瓣卷丹 虎百合

作为百合科的一员，卷丹的名头不如百合那么响亮，但是它同样拥有不逊色于百合的花朵。大大的花朵下垂，火红鲜艳的花瓣向上翻卷，花瓣上分布着密集的黑褐色斑点，长长的花药飞舞在空中吸引着传粉昆虫。图中的重瓣品种具有双层花瓣，更具观赏性。

插图来自《本草图谱》卷 51。

一種
八重巻丹
形状前條ニ同クシテ唯花千葉ナリ

一種
さつきしだれ
枝條下垂して花
重瓣紅色なり

No30

“相模垂枝”桃 花桃

桃的种植历史非常悠久，相比于成为人们桌上的珍馐，桃花早在《诗经》中就已成为一种观赏花卉了，“桃之夭夭，灼灼其华”，人们对于桃花的喜爱跨越了上千年。现在，人们培育出的观赏型桃树品种可以分为直枝型、寿星型、帚型、垂枝型、曲枝型和山碧桃六个类群。图中这种桃属于垂枝型的品种，整条花枝犹如柳条般下垂，繁茂的花朵盛开在枝条上，整棵树宛如一把花伞，十分美丽。

插图来自《本草图谱》卷62。

No31

石榴 丹若

石榴作为常见的水果，自古以来就广受中国人的喜爱，其多汁且大量的种子有着多子多福的寓意。但其实我们吃的石榴籽儿并不是它的果肉，而是石榴的外种皮，石榴真正的果肉是外面那层硬硬的外皮。由于石榴富含单宁，可以促进肠胃收敛，缓解腹泻。

插图来自《本草图谱》卷 64。

火石榴
集解
ますさくろ
百葉
千葉紅榴
汝南府志
千葉にして紅色
実を結ばず

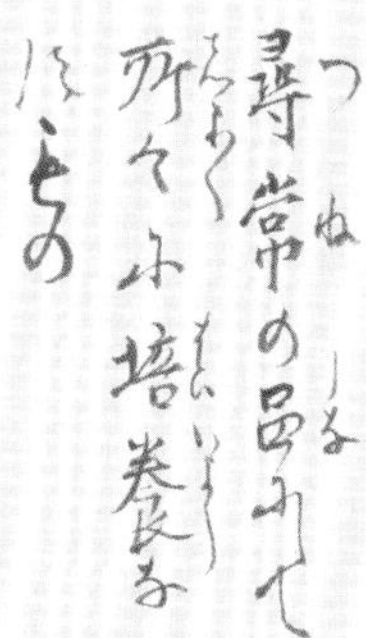

No32

莲 芙蓉

莲生长在亚洲和澳大利亚部分地区的浅层淡水中，与荷花不同，莲花的叶片具有一根长长的叶柄，托举着叶片离开水面。我们所熟知的莲花出淤泥而不染是因为莲的表皮具有一层细密的绒毛和蜡质，水分和灰尘无法吸附到表面，因此莲具有很强的自清洁功能。

插图来自《本草图谱》卷 72。

タキスナリヲ 蘭
樅 集解
鳳尾松 通雅
木ハ高ク直上すること
數丈ニ至る樹皮薄く
灰色なり葉ハ榧(かや)ニ似
て硬く先ハ裂て両尖
なり実ハ松毬(まつかさ)ニ似て
長し大なる物ハ一尺餘ニ
至る是集解時珍ノ説ニ
松葉柏身者樅也といへ是なり

No33

日本冷杉 杉木

日本冷杉属于古老的松柏类植物大家族。松柏类植物又被称为针叶树，凭借着坚硬附着有蜡质的树叶，这些植物可以游刃有余地生活在寒冷的山林中，可以轻易地统治广袤的森林区域。松柏类植物不会开花，而是通过名为球花和球果的结构产生花粉和种子。

插图来自《本草图谱》卷 78。

No34

柳叶木百合 阳光海棠

木百合作为南非共和国的国花，虽然有着百合之名，但却和百合花没有什么关系。木百合的花朵实在担不起“好看”一词，但是它挺拔美丽的苞叶让其不负观赏花卉的名头。木百合的苞叶颜色多变，质地坚硬，非常适合做成切花。

插图来自《本草图谱》卷 82。

一種

物印忙ふ
載ル図葉
の形榊ふ似
て中ハ青色
中ハ紅色之
葉の間毬
ある花実
何れなるや
ふ明ならん

椅桐 集解
いぬぎり
いゝぎり けふのき
かうせんだん

No35

山桐子 油果树

山桐子是中国的本土高山树种，由于其果实含油率高达30%以上，不仅可以用来精炼食用油，甚至还可以用于提炼生物柴油。红彤彤的山桐子果实不仅装饰了秋日的山林，同样成为许多地区的主要收入来源。

插图来自《本草图谱》卷63。

No36

榉树 日本榆树

作为优良的行道树和观赏树种，榉树的树形端庄，叶片在秋季会变红，极具观赏价值。由于“榉”和“举”同音，古时的学子会在家门口种植榉树，祈求自己能在科举考试中金榜题名。榉树的树皮和叶片可以入药，有清热解毒的功效。

插图来自《本草图谱》卷 84。

一種
葉の形前條の如くなれど秋月に至りて面黄褐色背の淡紅色になる

一種

No37

酸橙 橙子

酸橙属于芸香科植物，该科最出名的就是各类柑橘属植物，如橘子、橙子、柠檬等为人所熟知的水果。芸香科植物体含有挥发油，叶片和果实上分布有发达的透明油腺。虽然其名字和人们熟知的橙子相似，但这种植物的果实口感苦涩，并不适合直接食用。但如果用于烹饪，酸橙又是一种很好的辅料。

插图来自《本草图谱》卷 87。

No38

栀子花 山栀子

可能许多人对于栀子花的记忆是那一抹清雅的香气。栀子花洁白的花瓣和幽幽的清香象征着人们青涩的青春和纯洁的爱情，从中国南宋开始，栀子花就被广泛用于盆景和插花，其黄色的果实也可用作染料。

插图来自《本草图谱》卷87。

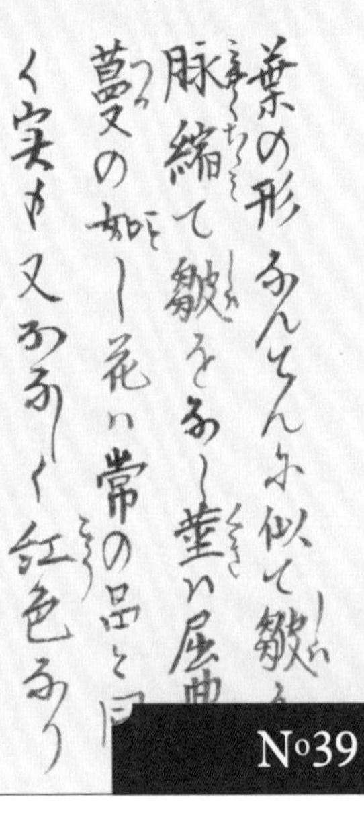

No39

“藤蔓”南天竹 天堂竹

南天竹的名字里带有一个“竹”字，但其实它并不是竹子，而是一种小型灌木，名字叫南天竹是因为它纤细的枝条和酷似竹叶的叶片。南天竹的叶片在低温下会变成红色，常用于城市的绿化观赏植物，每当深秋时节，南天竹开始大片变红，非常惹眼。图中的“藤蔓”南天竹有着弯曲的叶片和枝条，更具观赏性。

插图来自《本草图谱》卷88。

一種
つるにんじん

No40

屋久杜鹃 映山红

杜鹃同样是一种常见的观赏植物，作为中国十大名花之一，杜鹃的花朵艳丽娇艳。传说中，古蜀国国王杜宇死后化为杜鹃鸟，昼夜悲鸣，啼至血出，染红了漫山遍野的花朵，杜鹃因而得名。杜鹃也可入药，但因为部分品种具有一定毒性，因此切忌随意食用。

插图来自《本草图谱》卷89。

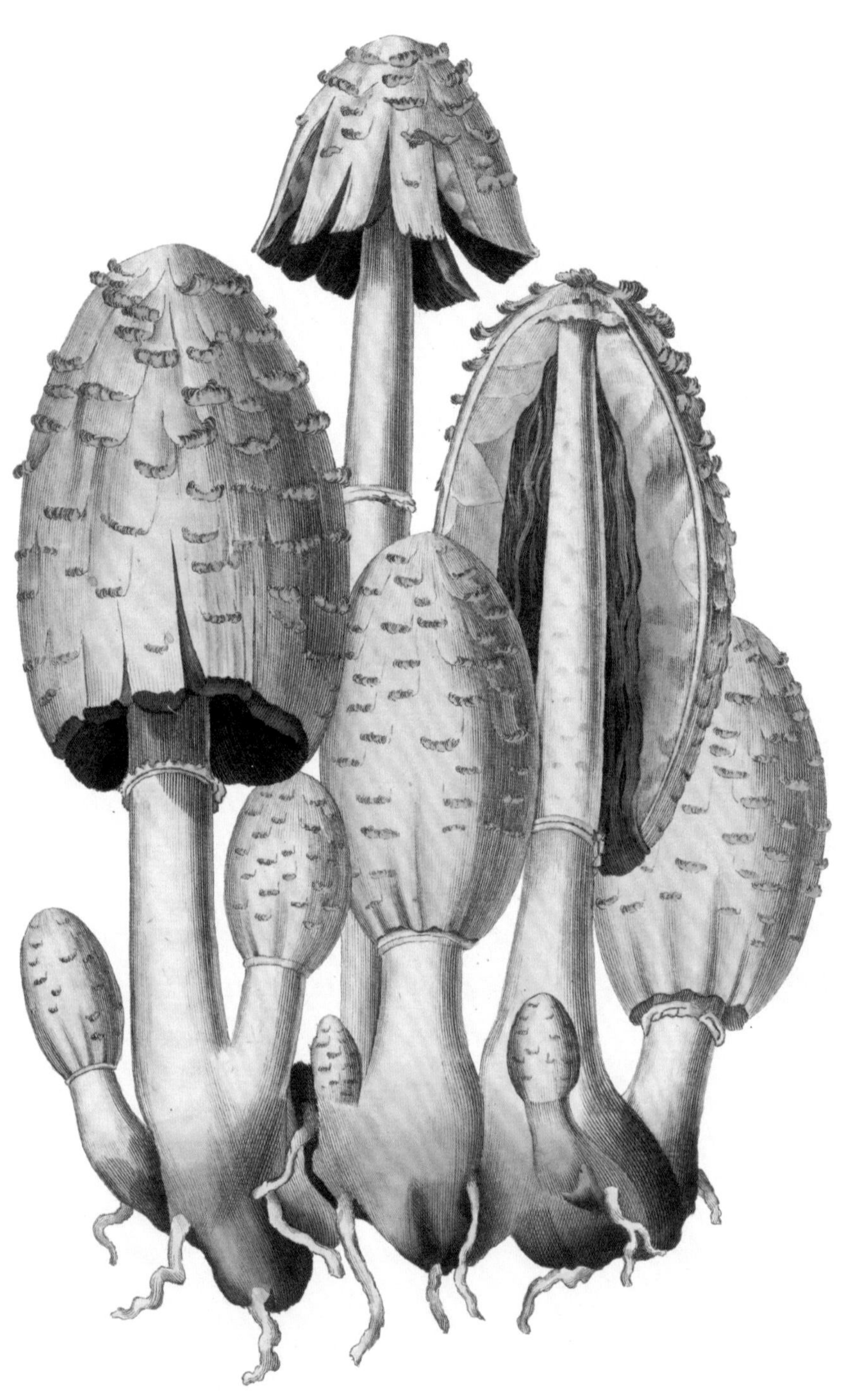

Fungi

真菌篇

策划：吉娜·富勒洛芙

篇首语

考古学证据表明，真菌参与人类的饮食和医药，至少已有6000年的历史。然而，与植物和动物的研究相比，人们对真菌的研究（真菌学）一直处于阴影之下。在早期的书籍中，普遍认为它们是简单或低等的植物。真菌本身是一个庞大且复杂的系统，事实上，相比于植物，它们和动物的关系更加密切。人们在近几十年间才开始逐渐揭开这些种类繁多、数量惊人的奇妙真菌的真实一角。

这些生物通常无法用肉眼直接看到，它们会在地下、植物或动物体内度过其生命周期的大部分时间。但随着对真菌研究的深入，人们发现它们在维持环境稳定方面发挥着令人难以置信的重要作用。例如，促进全球营养物质循环、碳封存，甚至在易受干旱影响的地区可以在一定程度上阻止沙漠的形成。

从药物到生物燃料的合成，以及通过生物进行环境的自修复和清理，真菌同样也是人类大部分生产生活工作的基础。有些真菌甚至有着多种用途，如青霉菌不仅可用于制造抗生素和避孕药，还可用于生产奶酪。但是有些种类的真菌则会对人类的生产生活造成负面影响。许多园丁都知道某些种类的真菌会引发植物的锈病、枯萎病和霉菌等问题，而且真菌对农作物和野生植物群落的威胁已经受到了世界范围的关注——并且这种威胁的程度似乎会随着气候的变化而增加。

真菌界绝对应该与植物界和动物界齐名，而我们仅仅了解了这个令人难以置信的生物群体的皮毛。在基于自然友好型方案解决全球挑战的关键问题方面，真菌往往可以提供许多答案。

邱园自 1879 年以来就有一个真菌馆。许多知名人士都曾来查看标本，包括查尔斯·达尔文和热衷于研究真菌的儿童文学作家碧翠丝·波特（Beatrix Potter）[代表作《彼得兔》（*Peter Rabbit*）]。邱园的真菌馆规模是世界上最大的，现存超过 125 万件真菌标本，并且这个数字随着真菌的深入研究而日益增长。

摘自

威利斯 K. J.（Willis K. J.）主编的《世界真菌概览》（*State of the World's Fungi*），2018 年

本篇的插图来自邱园的真菌学版绘收藏。其中相当一部分是根据埃尔茜·韦克菲尔德（Elsie Wakefield，1886—1972 年）的原作复制的，本篇内容在某种程度上是对她的致敬。韦克菲尔德出生于伯明翰，在斯旺西大学和牛津大学接受教育，作为国家职业科研团队中的一位女性先驱，她发表了大约 100 篇关于真菌和植物病理学的文章，出版了 2 本关于英国野外真菌的指南。

她于 1910 年首次来到邱园，专门研究真菌学和隐花植物（利用孢子而不是种子进行繁殖的植物和真菌），1915 年升任真菌学主管，1929 年当选为英国真菌学学会主席，之后在 1945—1951 年担任邱园标本馆副馆长。她描述并命名了英国本地和海外的许多真菌物种，同时她也是一位才华横溢的插画家，为她命名的许多物种绘制了水彩画。真菌属的 *Wakefieldia*（牛肝菌科，*Boletacea*）和 *Wakefieldiomyces*（麦角菌科，*Clavicipitaceae*）是以她的名字命名的，除此之外，也有其他的物种以她的名字命名。

邱园保存着韦克菲尔德的插图原稿和详细介绍她在邱园从事的真菌学工作的文件。这些文件包括关于真菌家族、物种和命名法的信件和笔记，其中包含了她在野外拍摄的照片和她画的素描，有一部分使用在了她编写的流行野外指南《普通真菌的识别图鉴》(*Observer's Book of Common Fungi*)，该书于 1954 年由费德里克·沃恩公司出版。

本篇使用了一些韦克菲尔德原作中最具代表性的真菌插图，如第 148 页的 *Amanita muscaria*，即毒蝇伞。作为传统民间传说的原形，这种带有白色斑点的红色毒蕈具有强大的致幻性，这可能是其与历史传说中的“精灵”具有联系的原因。

第 133 页展示的是可食用的普通羊肚菌（*Morchella esculenta*），该菌种有许多尺寸，有些小如指甲，有些则大如手掌。虽然它们在外观上差别很大，但它们都具有蜂窝状外表面这一特征，韦克菲尔德在她的物种描述中同样指出了这一点。她的笔记也反映了她对这个物种的浓厚兴趣，包括该物种的解剖学、结构、外观、习性和用途等。这种真菌不适合生食，但被广泛应用于烹饪。韦克菲尔德的笔记提供了关于如何食用这种菌类的建议：用肉汁炖，或塞入肉糜和面包屑进行烘烤。

马勃菌的显著特点是，它们从内部无定形的胃形孢子体中产生孢子，这种孢子体被称为胃状籽实体，成熟后会释放出尘埃状的孢子云。在第 141 页中，展示了韦克菲尔德绘制的巨型马勃（*Calvatia gigantea*）插图，在原著中则附有关于烹调最佳方式的说明：马勃菌只能在菌龄较小、菌体呈白色固体时食用，这可以通过切割进行确定。在清洗和去皮之后，可以将巨大的马勃菌切成 1 厘米左右的厚片状，在烹调后，可以涂上鸡蛋或面糊食用。

据当今科学家的估计，在地球上共存在 220 万～380 万个真菌物种，而我们只发现了大约 5%。在过去的几年间，我们通过分子研究才得以发现它们的广泛存在，其中大多数都是肉眼看不见的，只能从它们的 DNA 中得知其存在。真菌几乎遍布在世界的每一个角落，本篇中的精美插图只展示了真菌王国的一小部分，而

这些仅仅是真菌愿意展现给我们的几个例子而已。

琳恩·帕克（Lynn Parker）

英国皇家植物园·邱园版绘与文物馆长

真菌篇

本篇揭示了真菌千奇百怪的样貌。真菌既不是植物，也不是动物，这种不寻常的生物通过由孢子发育而成的身体，在自然界中展现出自己的魅力。6000 多年来，真菌一直被用于人们的饮食和医药。除此之外，它们在自然界的各个生态系统中也发挥着独特的作用。

这 40 幅插图选自邱园图书馆、艺术和档案馆中埃尔西·韦克菲尔德的作品。她是一位具有开创性的女科学家和天才艺术家。邱园专家琳恩·帕克撰写了本篇篇首语，向读者展示了关于这一独特生命的科学见解。

No1

高大环柄菇 阳伞菇

高大环柄菇的籽实体（高等真菌产生孢子的结构，可以理解成真菌的果实）高达 30 ～ 40 厘米，在真菌家族里也属于较大的种类之一。除体形之外，高大环柄菇带有鳞片的菌盖和带有蛇皮状表面的菌柄，以及厚厚的菌环，诸多特点让高大环柄菇成为较好辨认的菌类之一。

插图来自邱园藏品中埃尔茜·韦克菲尔德的绘画作品，1915—1945。

E.M.Wakefield

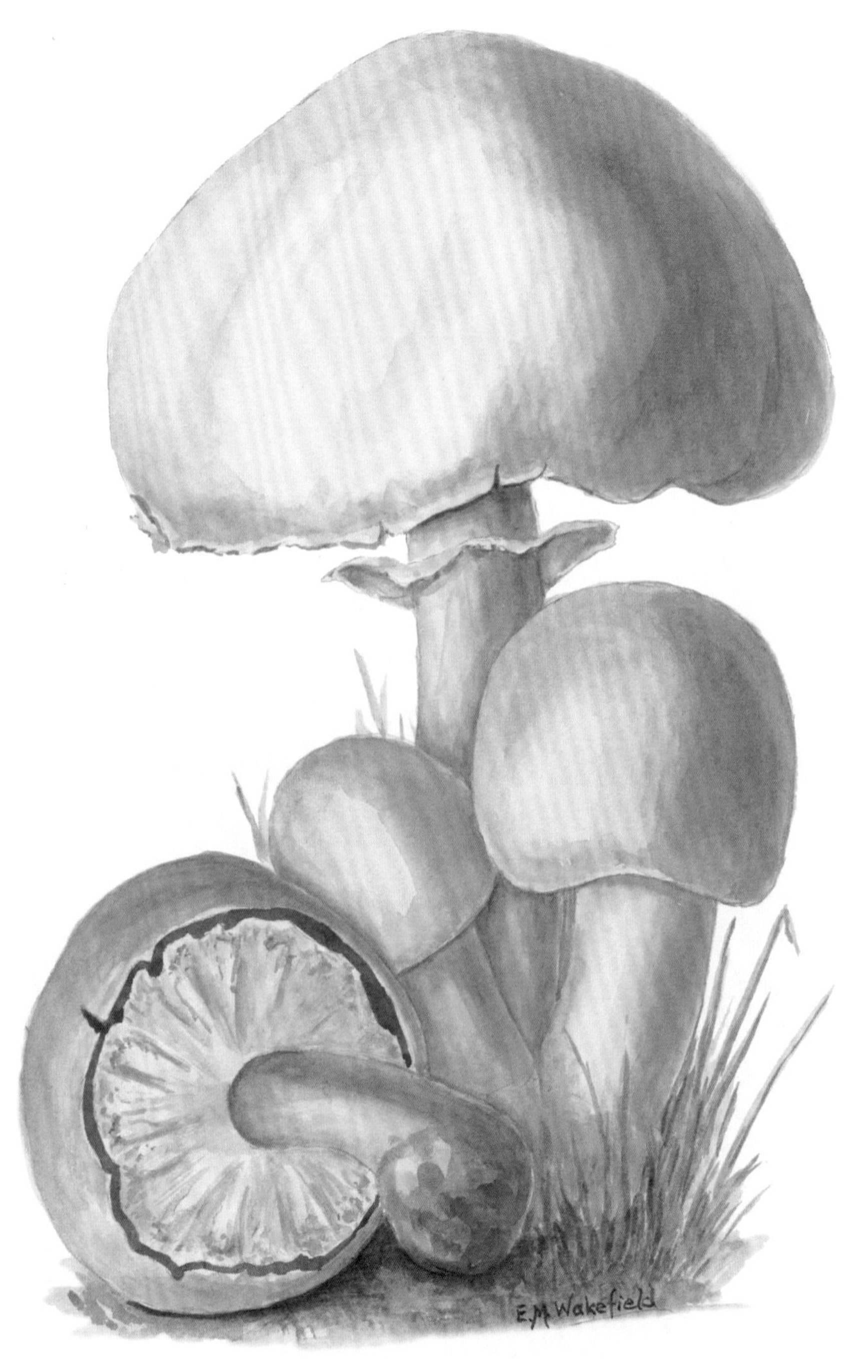
E.M. Wakefield

No2

野蘑菇 马蘑

野蘑菇广泛分布于亚欧大陆和北美，是雨后草地上和树荫处很常见的蘑菇之一。黄铜色的籽实体使野蘑菇看起来平平无奇，虽然野蘑菇基本上单独生长，但是在条件合适的情况下，偶尔也会形成蘑菇圈。

插图来自邱园藏品中埃尔茜·韦克菲尔德的绘画作品，1915—1945。

No3

紫丁香蘑 木口蘑

紫丁香蘑常群生于亚欧大陆和北美的混生林中，是一种优质的食用菌类。幼年的紫丁香蘑菌盖呈紫色，随年龄的增长慢慢变为褐色，但是菌盖背面的菌褶和菌柄均为紫色。紫丁香蘑有一种特殊的香味，烹饪之后尤为鲜香，中国北方某些地区会把这种蘑菇晒干后磨成粉，混入面粉中制成面条。

插图来自邱园藏品中埃尔茜·韦克菲尔德的绘画作品，1915—1945。

E.M. Wakefield

EMWakefield

No4

硬柄小皮伞 仙环小皮伞

硬柄小皮伞是一种常见的丛生菌类，广泛分布于亚欧大陆和美洲的草丛中，也是蘑菇圈的常客。硬柄小皮伞有着肉质的米黄色菌盖和厚厚的菌褶。该种菌类也是“舒筋散”的主要成分之一，有着追风散寒、舒筋活络的功效。

插图来自邱园藏品中埃尔茜·韦克菲尔德的绘画作品，1915—1945。

No5

褐疣柄牛肝菌

牛肝菌目的诸多菌类都有着相似的外形。褐疣柄牛肝菌的外形也与其他许多牛肝菌相似，栗褐色的菌盖湿润，具有一定的黏性，把它切开后，可以看到粉色的肉质结构，暴露在空气中一段时间后，会渐渐转变成粉黄色。该种菌虽然具有胃肠炎型毒素，但是在中国云南等地依然有食用的习俗。

插图来自邱园藏品中埃尔茜·韦克菲尔德的绘画作品，1915—1945。

E.M.Wakefield

E.M.Wakefield

No6

平菇 蚝蘑

平菇是一种优质的食用菌类，在世界各地均有广泛的栽培。平菇是典型的丛生菌类，有着肥厚肉质的菌盖。野外的平菇多生于阔叶树种的枯木上，和部分喜欢阴湿环境的菌类不同，平菇喜欢光照良好的环境。除了我们平时经常能够买到的平菇，还有黄色和粉色的品种，但是口感相较于普通平菇更硬。

插图来自邱园藏品中埃尔茜·韦克菲尔德的绘画作品，1915—1945。

No7

四孢蘑菇 野蘑菇

四孢蘑菇广泛分布于亚欧大陆和北美，它有着伞菌目标志性的圆形菌盖，当四孢蘑菇处于幼年期时，把菌盖翻过来就可以看到亮粉色的菌褶，不过随着年龄的增长，菌褶会慢慢变成棕色。

插图来自邱园藏品中埃尔茜·韦克菲尔德的绘画作品，1915—1945。

E. M. Wakefield

E.M.Wakefield

No8

粉紫香蘑 面口蘑

粉紫香蘑常见于夏季雨后的草地，喜欢群生，经常会形成蘑菇圈。粉紫香蘑有着暗黄色的菌盖和蓝紫色的鲜艳菌柄，凑近可以闻到淡淡的香水味道。粉紫香蘑的味道鲜美，是一种优质的食用真菌。

插图来自邱园藏品中埃尔茜·韦克菲尔德的绘画作品，1915—1945。

No9

变形疣柄牛肝菌 橙色桦树牛肝菌

这种牛肝菌常见于亚欧大陆，菌盖肥大，呈橙黄色。白色菌柄上覆有毛茸茸的黑色鳞屑，肉质呈淡紫黑色。该菌类味道鲜美，但是食用前需要烹饪至少 15 分钟，才能完全把毒素去除。许多菌类的毒素在经过完全的烹饪之后都可以去除，每年有很多菌类中毒患者，都是因为食用了未完全煮熟的菌菇。

插图来自邱园藏品中埃尔茜·韦克菲尔德的绘画作品，1915—1945。

E.M. Wakefield

E.M.Wakefield

No10

毛头鬼伞 鸡腿菇

毛头鬼伞常见于亚欧大陆和北美的田地中和道路旁。其毛茸茸且高高的白色菌盖非常容易辨认。当孢子成熟后，菌盖打开（这一现象被称为“开伞”），边缘的菌褶会溶化成黑色的液体。毛头鬼伞同样是一种可食用菌，肉质细嫩鲜美，在欧洲会被做成罐头。

插图来自邱园藏品中埃尔茜·韦克菲尔德的绘画作品，1915—1945。

No11

鸡油菌 黄菌

鸡油菌的喇叭形籽实体为肉质，呈杏黄色，具有钝缘菌褶，其上布满了大量的网格组织。鸡油菌生长的季节是夏、秋季，常见于林地中。凑近鸡油菌可以闻到一股杏子的气味，烹饪后味道鲜美，具有一股特殊的水果香味。

插图来自邱园藏品中埃尔茜·韦克菲尔德的绘画作品，1915—1945。

E.M.Wakefield

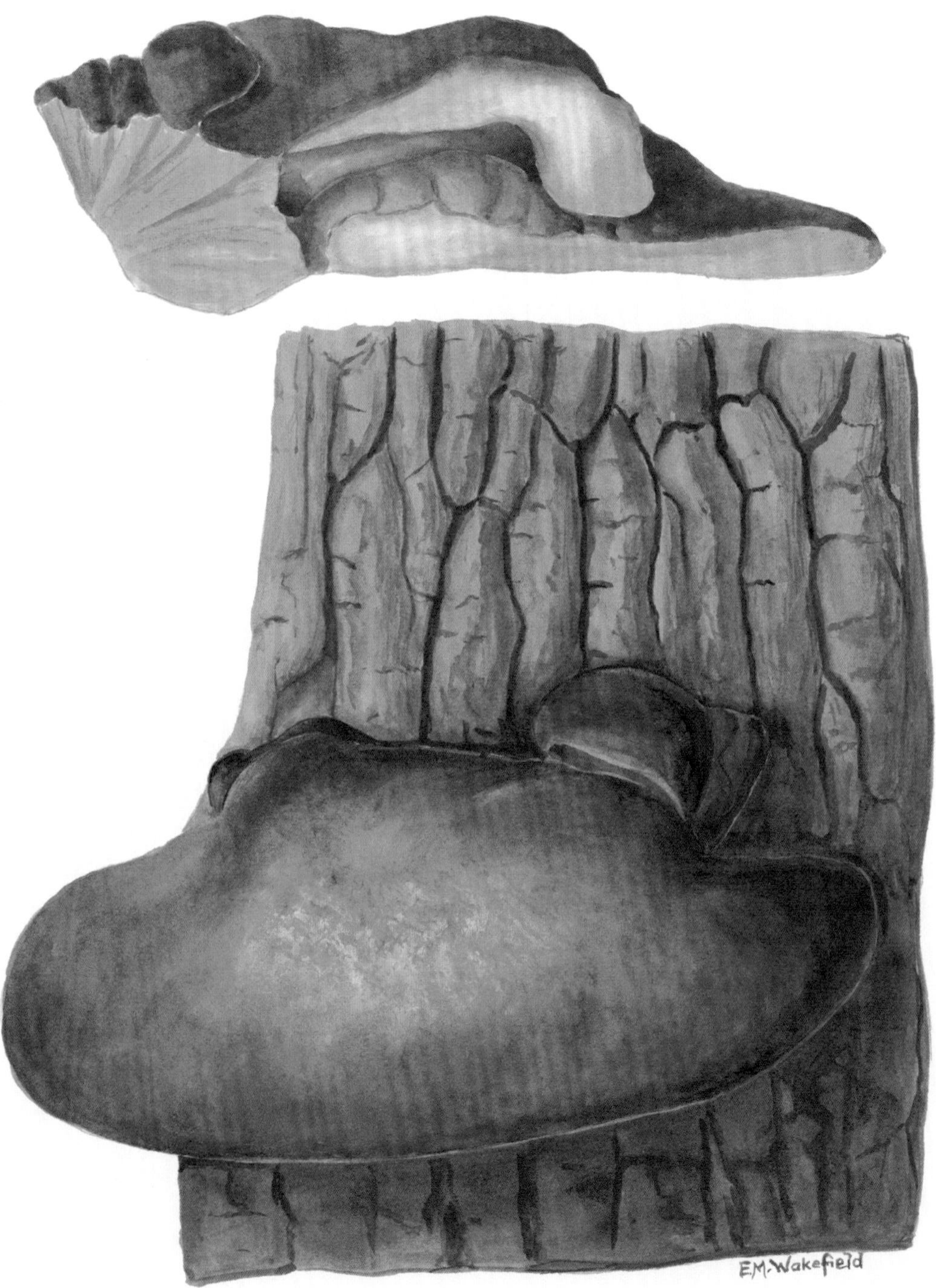
E.M.Wakefield

No12

牛舌菌 舌菇

牛舌菌属于多孔菌目，它们的孢子生长于菌管中，该类真菌多生长于树干上，有着未发育完全的菌柄。牛舌菌的籽实体呈暗红色，肉质柔软，因形似牛舌而得名。牛舌菌是一种优质的食用菌类，常生长在板栗树桩及其他阔叶树腐木上。

插图来自邱园藏品中埃尔茜·韦克菲尔德的绘画作品，1915—1945。

No13

香杏丽蘑 圣乔治蘑菇

香杏丽蘑是一种丛生菌类，常见于亚欧大陆晚春的森林边缘，也会形成蘑菇圈。该菌类是一种优质食用菌，半圆形的菌盖呈淡土黄色，边缘内卷，菌柄的肉质肥厚呈白色，切开后有非常浓郁的肉末香味。

插图来自邱园藏品中埃尔茜·韦克菲尔德的绘画作品，1915—1945。

E. M. Wakefield

E.M.Wakefield

No14

美味牛肝菌 牛肝菌

美味牛肝菌相比于其他牛肝菌并没有特别鲜美的风味，美味一词是来自它的拉丁文学名 *edulis*，意思是可食用的。美味牛肝菌在世界范围内均有分布，是一种与高等植物共生的菌根真菌。该菌类的菌盖呈半球形，肉桂色，菌柄上可以看到好看的白色纹路，切开后的肉质部分为白色。

插图来自邱园藏品中埃尔茜·韦克菲尔德的绘画作品，1915—1945。

No15

墨汁鬼伞 墨盖

墨汁鬼伞的菌盖呈鸡蛋状，当孢子成熟后，会从菌褶处释放出来，之后菌盖展开，迅速开始溶解形成类似墨汁的漆黑液体。许多菌类在成熟之后都会存在这种自溶现象，特别要注意，当买来的食用菌类开始自溶，就代表它已经不适合食用了。

插图来自邱园藏品中埃尔茜·韦克菲尔德的绘画作品，1915—1945。

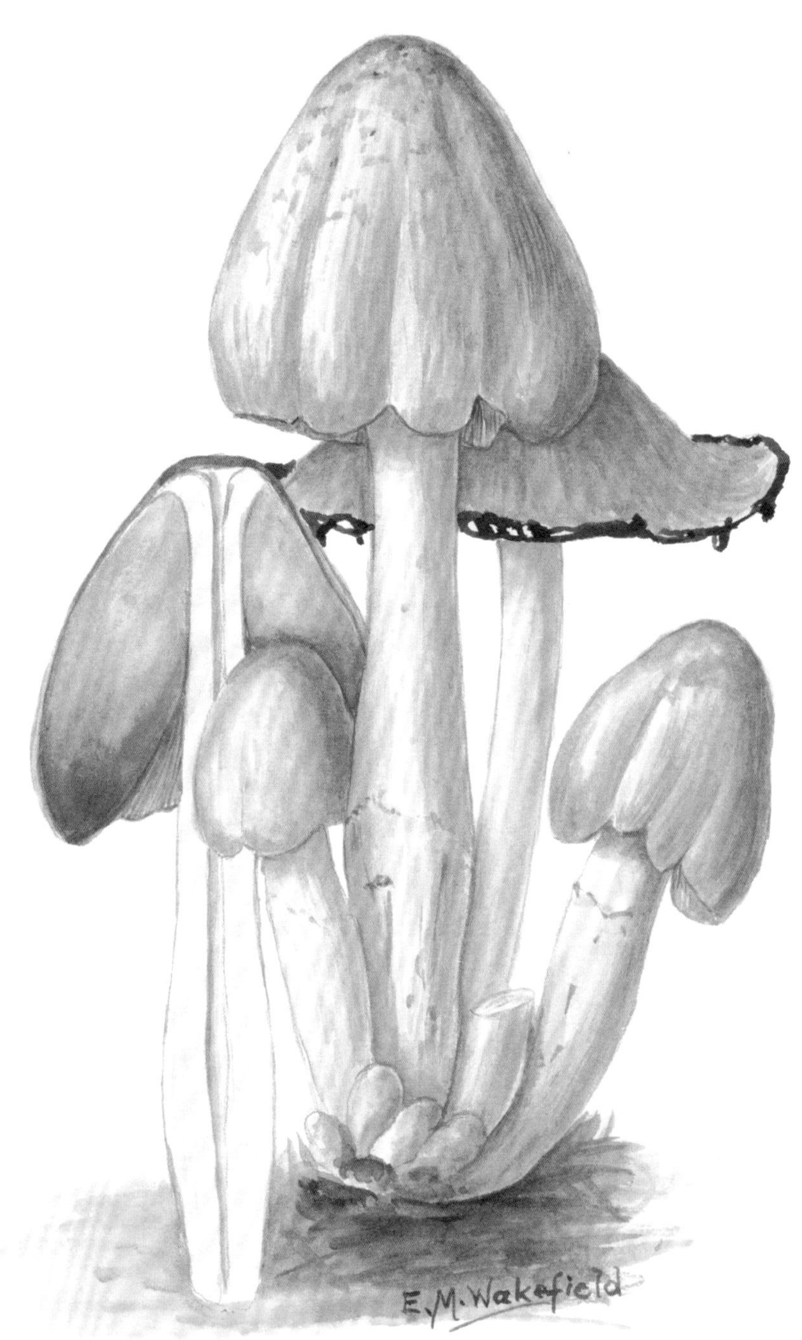
E.M. Wakefield

E.M.Wakefield

№16

赭色鹅膏 胭脂菌

赭色鹅膏常见于亚欧大陆和北美的森林中，菌盖为奶白色至褐色，当外表受伤撕裂后会呈现出红色。赭色鹅膏虽然含有毒素，但是高温烹饪后可以完全分解。不过，由于该菌菇和剧毒的豹斑鹅膏外形相似，因此为了防止误食，不建议食用。

插图来自邱园藏品中埃尔茜·韦克菲尔德的绘画作品，1915—1945。

No17

羊肚菌 黄色羊肚菌、海绵羊肚菌

羊肚菌广泛分布于亚欧大陆和北美，常见于春季。幼年的羊肚菌菌盖呈粉色，在成熟过程中会渐渐变为黑色。菌盖上分布着交错相连的黑色褶皱，羊肚菌也因为这种酷似羊肚的结构而得名。作为优质的食用菌，中空的菌柄使得羊肚菌在烹饪的时候更容易入味。

插图来自邱园藏品中埃尔茜·韦克菲尔德的绘画作品，1915—1945。

E.M.Wakefield

EMWakefield

No18

粗鳞青褶伞 沙地阳伞

青褶伞属的大部分种类都是有毒的，粗鳞青褶伞似乎是一个可食用的种类，但由于该品种在中国是否存在尚存疑，因此建议不要食用任何青褶伞属菌类。粗鳞青褶伞的菌盖上分布有凸起的鳞片状结构，菌柄上存在一个较大的菌环，在成熟后，菌环外部会有撕裂。

插图来自邱园藏品中埃尔茜·韦克菲尔德的绘画作品，1915—1945。

No19

松乳菇 赤松菇

松乳菇属于红菇目的乳菇属，虽然该类菌类有着典型的蘑菇式样，但不是伞菌目。松乳菇分布于亚欧大陆和北美，常与松树共生，菌盖上有橘色带状和斑点花纹。当松乳菇的菌盖受伤后，伤口会变成铜绿色，酷似发霉。

插图来自邱园藏品中埃尔茜·韦克菲尔德的绘画作品，1915—1945。

E.M.Wakefield

EMW

No20

水粉杯伞 木耳

水粉杯伞分布于亚欧大陆和北美，菌盖呈烟灰色，在湿度较低时会表现出白色。这种菌菇的一个特点是它的菌褶更多，时常会蔓延到菌柄上。

插图来自邱园藏品中埃尔茜·韦克菲尔德的绘画作品，1915—1945。

No21

巨型马勃 大马勃

马勃是腹菌类真菌的代表种类之一，马勃具有球形的、较为光滑的籽实体，里面包含大量的粉末状孢子。当孢子成熟后，马勃的籽实体会变得薄如纸张，轻轻一捏就有大量烟灰状的孢子喷薄而出，它们的英文名“puffball”生动地将马勃比喻成充满灰尘的气球。巨型马勃常见于亚欧大陆和北美的田野或庭院中，雨后的灌木篱墙下经常可以轻易发现它们的身影。

插图来自邱园藏品中埃尔茜·韦克菲尔德的绘画作品，1915—1945。

E.M.Wakefield

E.M.Wakefield

No22

豹斑鹅膏 斑毒伞

豹斑鹅膏褐色的菌盖上有白色的疣状组织，菌柄上有白色的菌环，底部有球状的菌托。豹斑鹅膏含有与毒蝇鹅膏菌相似的毒素及豹斑毒伞素等毒素，食用后会造成肝损伤。

插图来自邱园藏品中埃尔茜·韦克菲尔德的绘画作品，1915—1945。

No23

毒鹅膏 死帽蕈

毒鹅膏菌常见于亚欧大陆和北美的部分地区，以菌根形式共生于落叶性乔木上。毒鹅膏菌的毒性很强，是已知的毒菇中最毒的一种，会对肝脏和肾造成致命的伤害。由于其外表和几种可食用菌类（如草菇）很像，因此每年都有许多人因误食毒鹅膏菌而死亡。

插图来自邱园藏品中埃尔茜·韦克菲尔德的绘画作品，1915—1945。

EMW

No24

毒鹅膏 死帽蕈

图中展示了毒鹅膏的生长阶段。毒鹅膏幼年时，被菌幕包裹的幼体破土而出，之后青绿色的菌盖突破外菌幕，菌柄开始生长，菌盖缓缓扩大展开，这时菌幕开始破裂，在菌柄上形成一个易碎的菌环，在底部形成一个大大的菌托。毒鹅膏在成熟之后会散发出一股令人作呕的腥臭味，警告着所有试图食用它的生物。

插图来自邱园藏品中埃尔茜·韦克菲尔德的绘画作品，1915—1945。

No25

毒蝇伞 蝇蕈

毒蝇伞可以说是所有蘑菇中最出名的有毒蘑菇，这种蘑菇常见于亚欧大陆的桦树林下，红色的菌盖上散落着白色的点状白色鳞片，这使得毒蝇伞成为非常容易识别的蘑菇之一。毒蝇伞的名声主要在于体内的有毒物质：蕈毒碱，而它的名字来自一个欧洲的古老偏方——把红色的菌盖表皮泡在一碗牛奶中，可以用来毒死令人头疼的家蝇，不过由于其蕈毒碱含量不高，因此少有人因误食而致死的记录。

插图来自邱园藏品中埃尔茜·韦克菲尔德的绘画作品，1915—1945。

E.M.Wakefield

No26

变红丝盖伞 红色稻草人

变红丝盖伞作为一种稀有菌类，分布于亚欧大陆的白垩质土壤混合林中。菌盖在幼年时呈粉红色，会随着年龄的增长而褪色，菌盖表面有着放射状的纤维质细丝。菌柄矮胖，受伤之后会出现红色的淤痕。变红丝盖伞属于剧毒真菌，体内的蕈毒碱含量要高于毒蝇伞，食用后可致死。

插图来自邱园藏品中埃尔茜·韦克菲尔德的绘画作品，1915—1945。

№27

紫蜡蘑 紫晶蜡蘑

紫蜡蘑具有标志性的紫色菌盖和菌柄，这种颜色会随着湿度的升高而加深，在干燥环境中会有显著褪色。紫蜡蘑的菌柄细长，菌盖背面的菌褶上细密分布着粉状的孢子，配合着显眼的颜色，是一种很容易识别的可食用菌类。

插图来自詹姆斯·索尔比（James Sowerby）所著《英国真菌及蘑菇彩色图鉴》（*Coloured Figures of English Fungi or Mushrooms*），1795—1815。

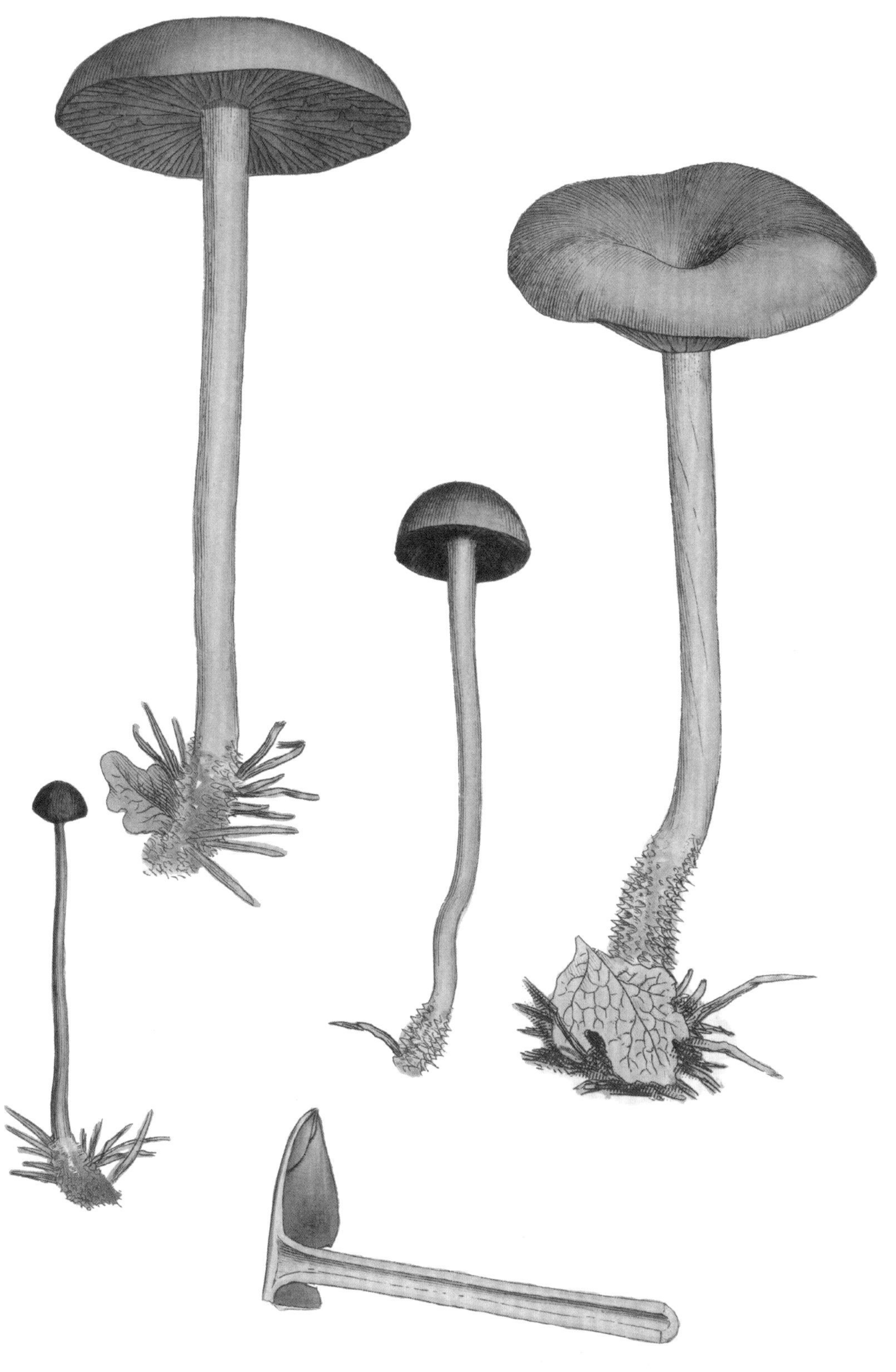

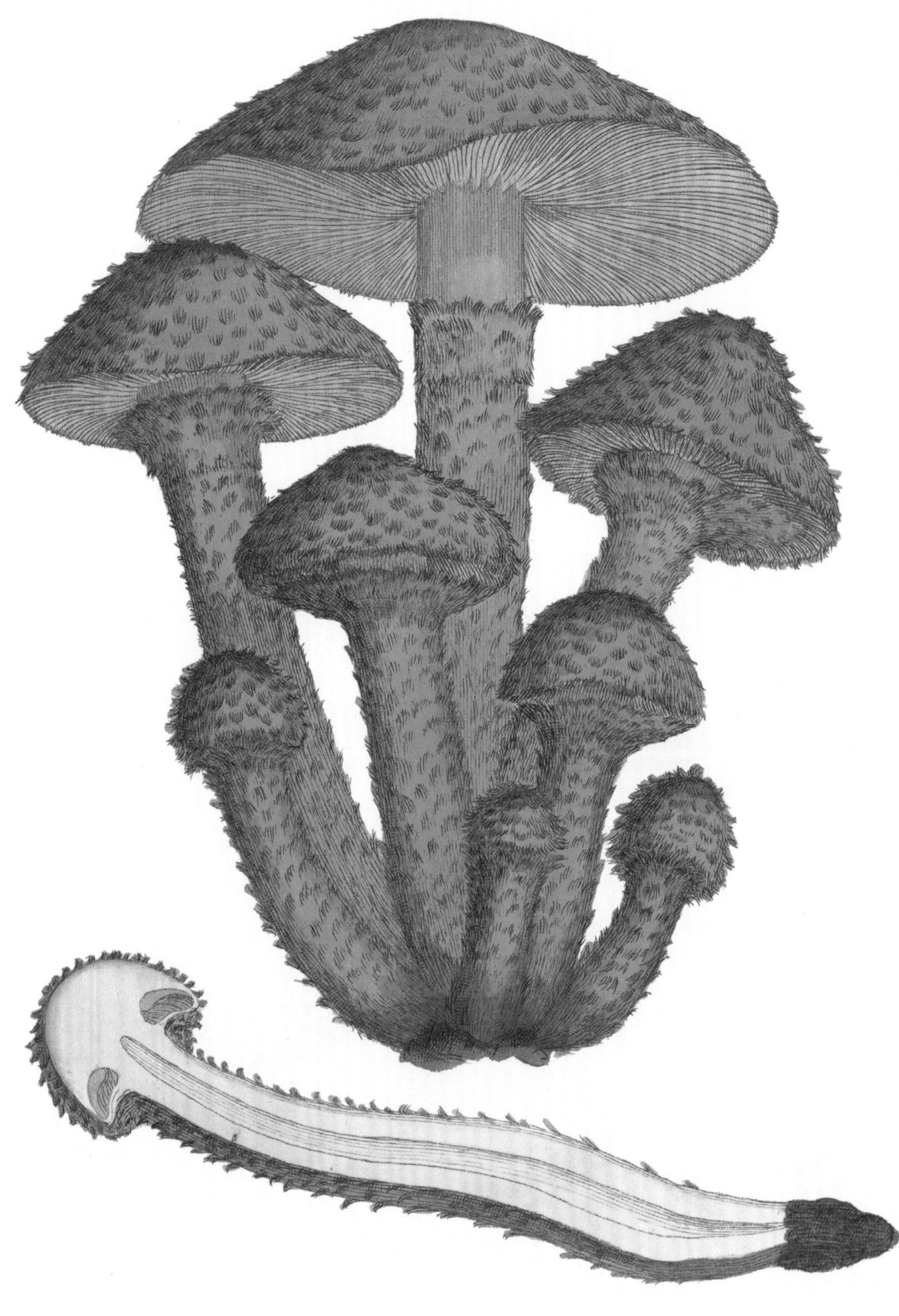

No28

翅鳞伞 绒头盖

翅鳞伞分布于亚欧大陆和北美，其菌盖和菌柄呈黄褐色，表面有着凸起的鳞片状结构，触感非常干燥粗糙。菌褶呈淡黄色，菌柄中空，凑近之后可以闻到一股谷物的清香。

插图来自詹姆斯·索尔比所著《英国真菌及蘑菇彩色图鉴》，1795—1815。

No29

烟粉刺革菌 红褐甲

烟粉刺革菌常群生于腐朽断裂的木桩或树枝上。籽实体呈黄褐色，有皮革质感，薄且柔软。整个菌的形状类似于木耳，边缘黄色，有云朵状的褶皱。

插图来自詹姆斯·索尔比所著《英国真菌及蘑菇彩色图鉴》，1795—1815。

No30

泡质盘菌 粪碗

泡质盘菌喜欢成群生长，并且常常生长于粪堆或肥土上，由于其形状和碗相似，于是得了“粪碗”这个俗称，在日本地区则根据其颜色取了另一个相对文雅的别称——“茶茸”。虽然泡质盘菌可以食用，但是鲜有人会采摘烹饪。

插图来自詹姆斯·索尔比所著《英国真菌及蘑菇彩色图鉴》，1795—1815。

No31

黄硬皮马勃 土球儿

黄硬皮马勃广泛分布于亚欧大陆和北美的潮湿林地中，黄褐色至深青黄灰色的扁球形籽实体形似马铃薯。该菌类厚实的表皮上有深色的鳞片，体内充满了黑色的孢子。

插图来自詹姆斯·索尔比所著《英国真菌及蘑菇彩色图鉴》，1795—1815。

No32

鸟状多口地星 胡椒罐

地星目的菌类有一个共同特征——具有名叫“包被”的厚实的外层组织，这种组织在裂开后会形成星状臂，顶上的球星结构是该种菌类的孢子囊，孢子在成熟后会通过孢子囊顶端的孔中释放。鸟状多口地星分布于亚欧大陆和北美的干燥砂质土壤中，有着一个多空洞的大型孢子囊。

插图来自詹姆斯·索尔比所著《英国真菌及蘑菇彩色图鉴》，1795—1815。

No33

铜绿球盖菇 铜绿圆头菇

铜绿球盖菇常生长于林下腐枝落叶上，菌盖呈淡绿色，近边缘分布有白色凸起物，成熟后会变为黄绿色，菌盖边缘会向上卷起。菌柄中空，上端白色，底部呈淡黄绿色。该菌类有毒，不宜食用。

插图来自詹姆斯·索尔比所著《英国真菌及蘑菇彩色图鉴》，1795—1815。

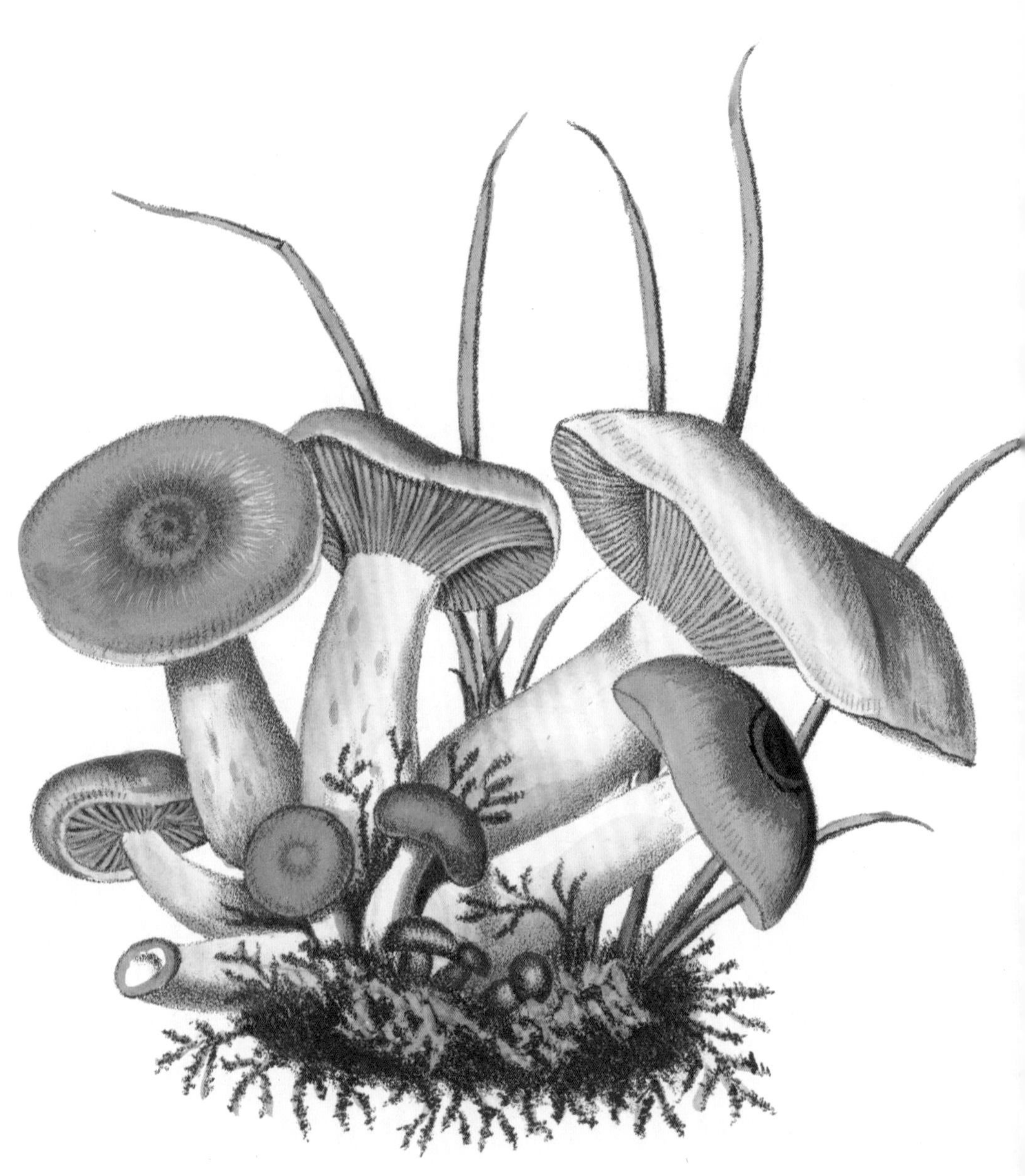

No34

松乳菇 赤松菇

松乳菇主要出现在春秋季雨后的针叶林或针阔叶树林中，一夜之间，松乳菇就会顶着松针和苔藓从土里钻出，散发出清新的混合着泥土味的香气。松乳菇是一种优质的食用菌类，肉质肥厚，也同样适合制成菌油食用。

插图来自 J. V. 克罗姆霍尔茨（J. V. Krombholz）所著《可食用、有害和未知真菌的自然图鉴》（*Naturgetreue abbildungen und beschreibungen der essbaren, schädlichen und verdächtigen schwämme*），1831—1846。

No35

1 蜂窝肺衣 纹理肺草地衣
2 肺衣 肺苔藓

肺衣是由一个绿藻或蓝细菌与一个真菌形成的共生体。肺衣的进化一直是一个谜，虽然大部分肺衣是共生关系（由绿藻进行光合作用提供养分，真菌则负责保持水分和获取矿物质等养分），但也有部分肺衣是具有寄生性质的生命。肺衣的主要生境是海岸线附近的树皮上，当我们翻开肺衣分叉的类叶片状结构，可以看到浅黄色的真菌部分。

插图来自G. F. 霍夫曼（G. F. Hoffmann）所著《基于林奈分类法的森林地衣概述》（*Descriptio et adumbratio plantarum e classe cryptogamica Linnaei quae lichenes dicuntur*），由约翰·斯蒂芬·卡皮厄（Johann Stephan Capieux）于1789年绘制，1790—1801。

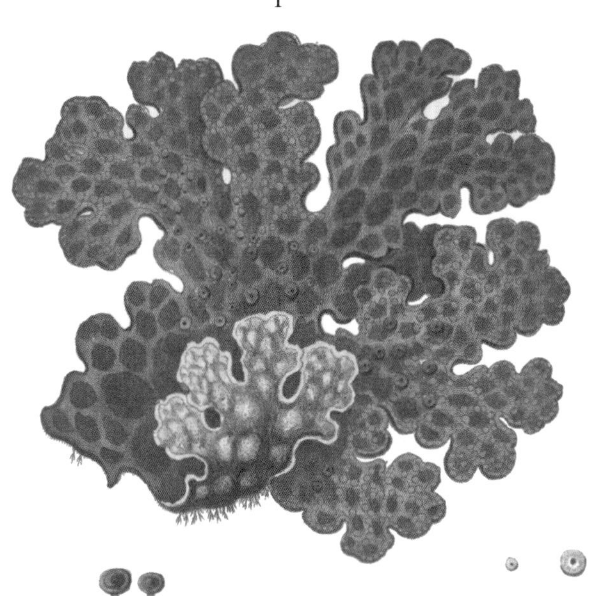

2

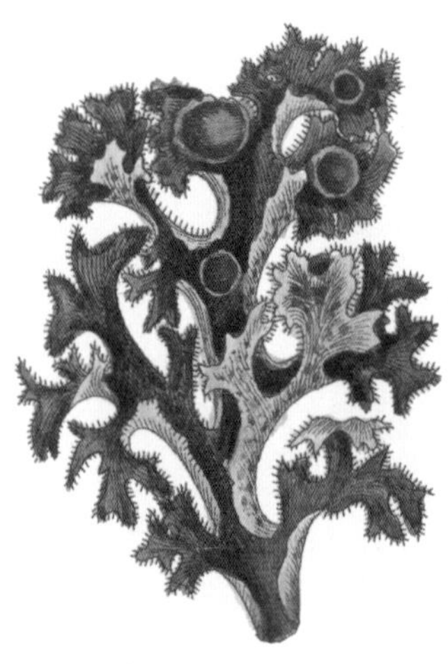

1

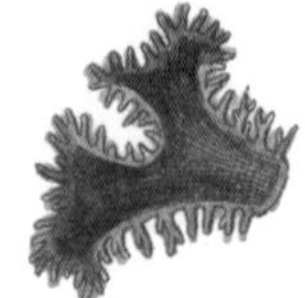

2

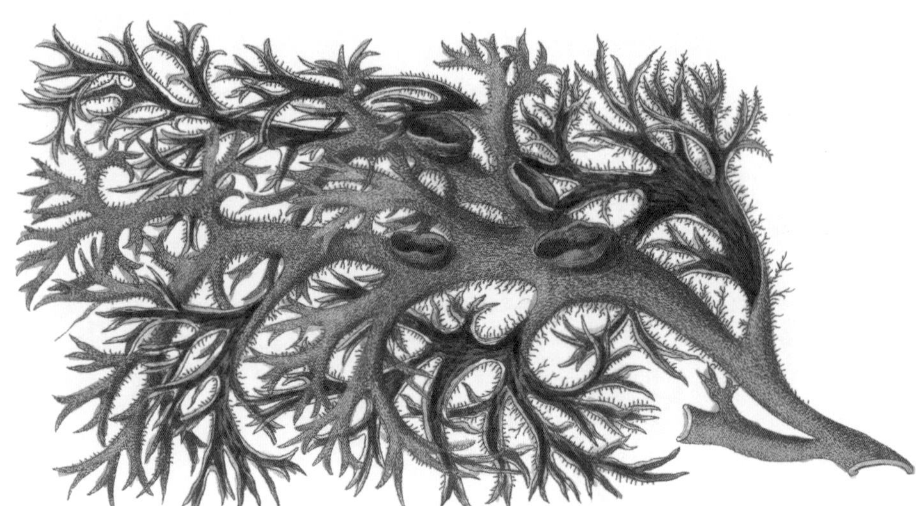

No36

1 冰岛地衣
2 拟扁枝衣 树苔

梅衣科真菌是地衣类真菌中最大的一个科，冰岛地衣主要分布在近北极区域，拟扁枝衣在海拔较高的杉树林中有分布。地衣的生长非常缓慢，恢复能力也较弱，因此，一个以地衣为主的生态系统对环境变化的抵抗能力是非常弱的。

插图来自G. F. 霍夫曼所著《基于林奈分类法的森林地衣概述》，由约翰·斯蒂芬·卡皮厄于1789年绘制，1790—1801。

No37

1 南非松萝 胡须地衣
2 大地衣 地衣

南非松萝是松萝属地衣，正如它的俗名一样，整个地衣有非常多且细密的分支，有一个长柄连接着多个吸盘状的固定结构，以便帮助地衣固定在岩石等附着物上。

插图来自 G.F. 霍夫曼所著《基于林奈分类法的森林地衣概述》，由约翰·斯蒂芬·卡皮厄于 1789 年绘制，1790—1801。

1

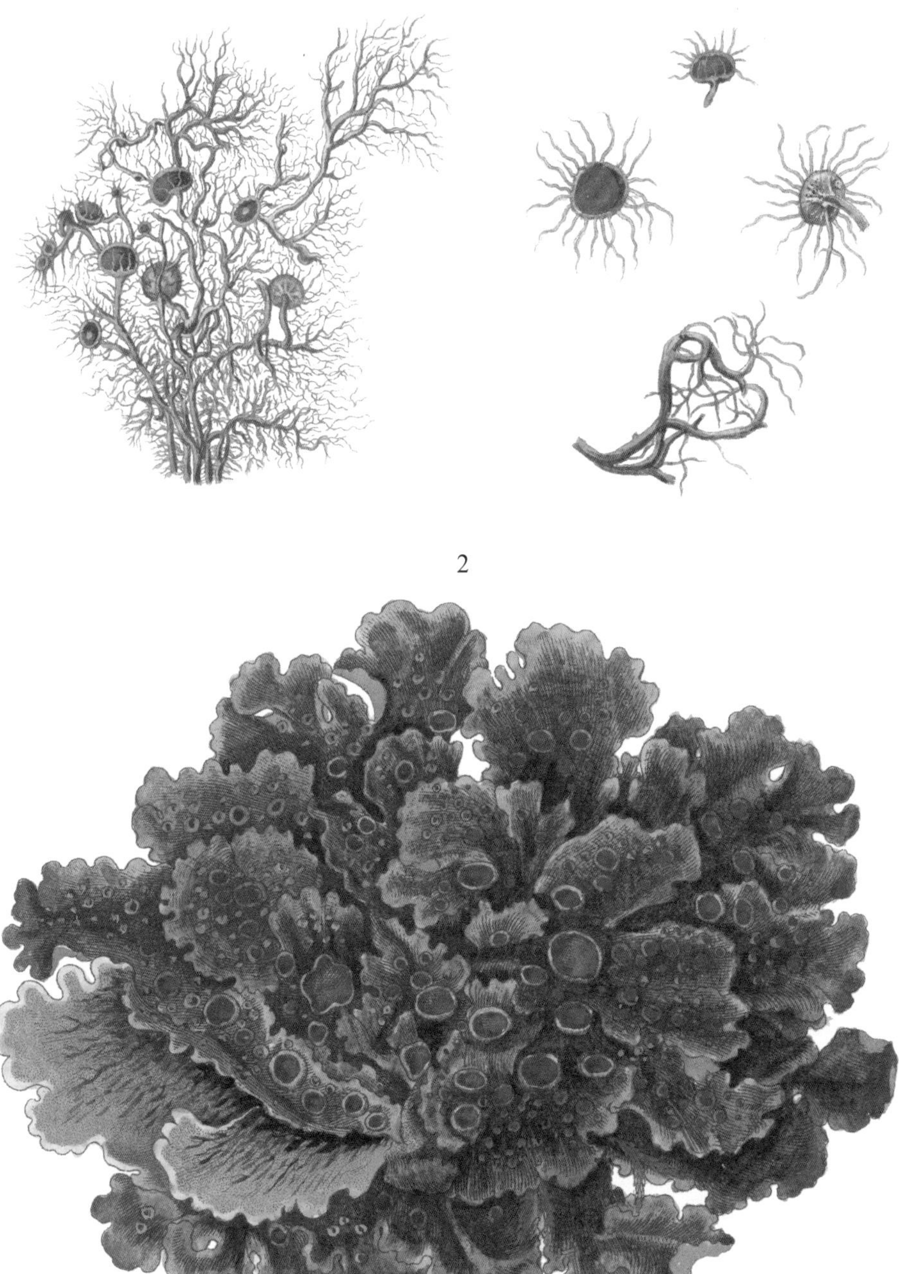

1

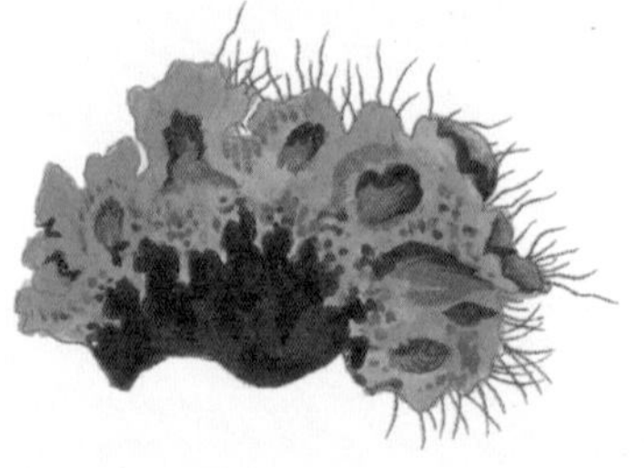

2

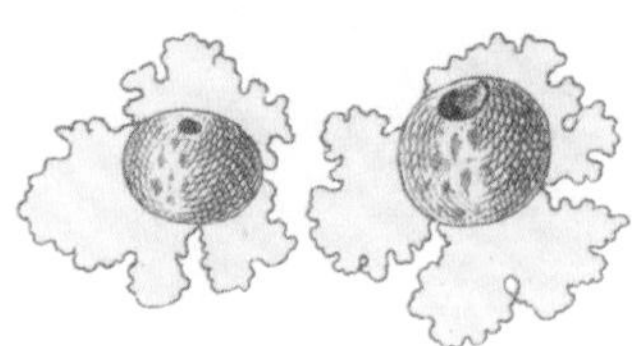

No38

1 穿孔大叶梅 褶皱地衣
2 北方梅衣

地衣中共生的真菌类绝大部分都属于子囊菌，这意味着大部分地衣都是在子囊结构中产生孢子进行繁衍。即使是个体较小的北方梅衣，也有着大大的子囊结构。

插图来自 G.F. 霍夫曼所著《基于林奈分类法的森林地衣概述》，由约翰·斯蒂芬·卡皮厄于 1789 年绘制，1790—1801。

No39

疑似树花菌属类 软骨树花

树花菌属地衣大部分生长于亚欧大陆和北美大陆的树干上，具有灰绿色的扁平分支，分支上的黑点是它的子囊（真菌的有性生殖器官）。

插图来自 G. F. 霍夫曼所著《基于林奈分类法的森林地衣概述》，由约翰·斯蒂芬·卡皮厄于 1789 年绘制，1790—1801。

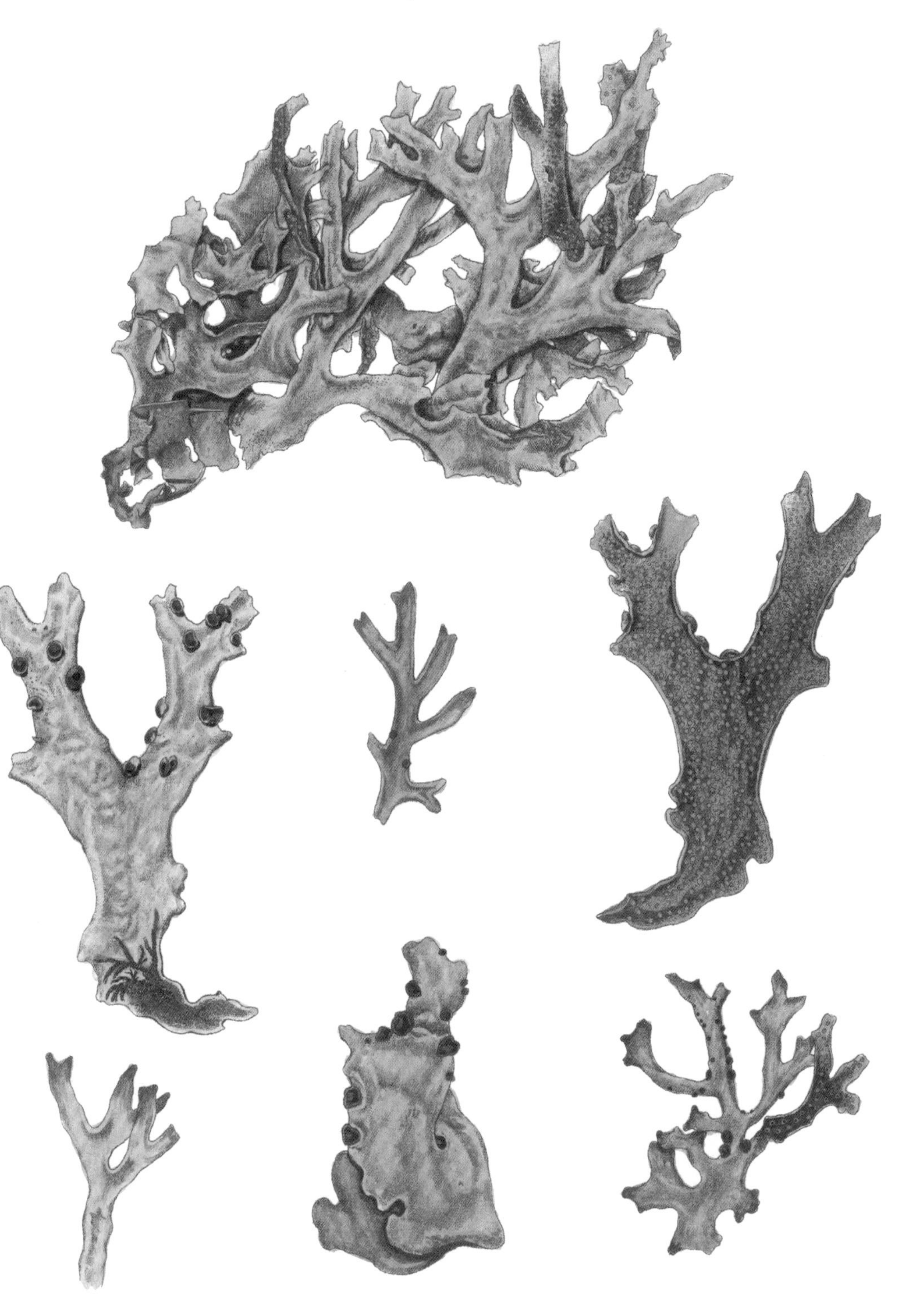

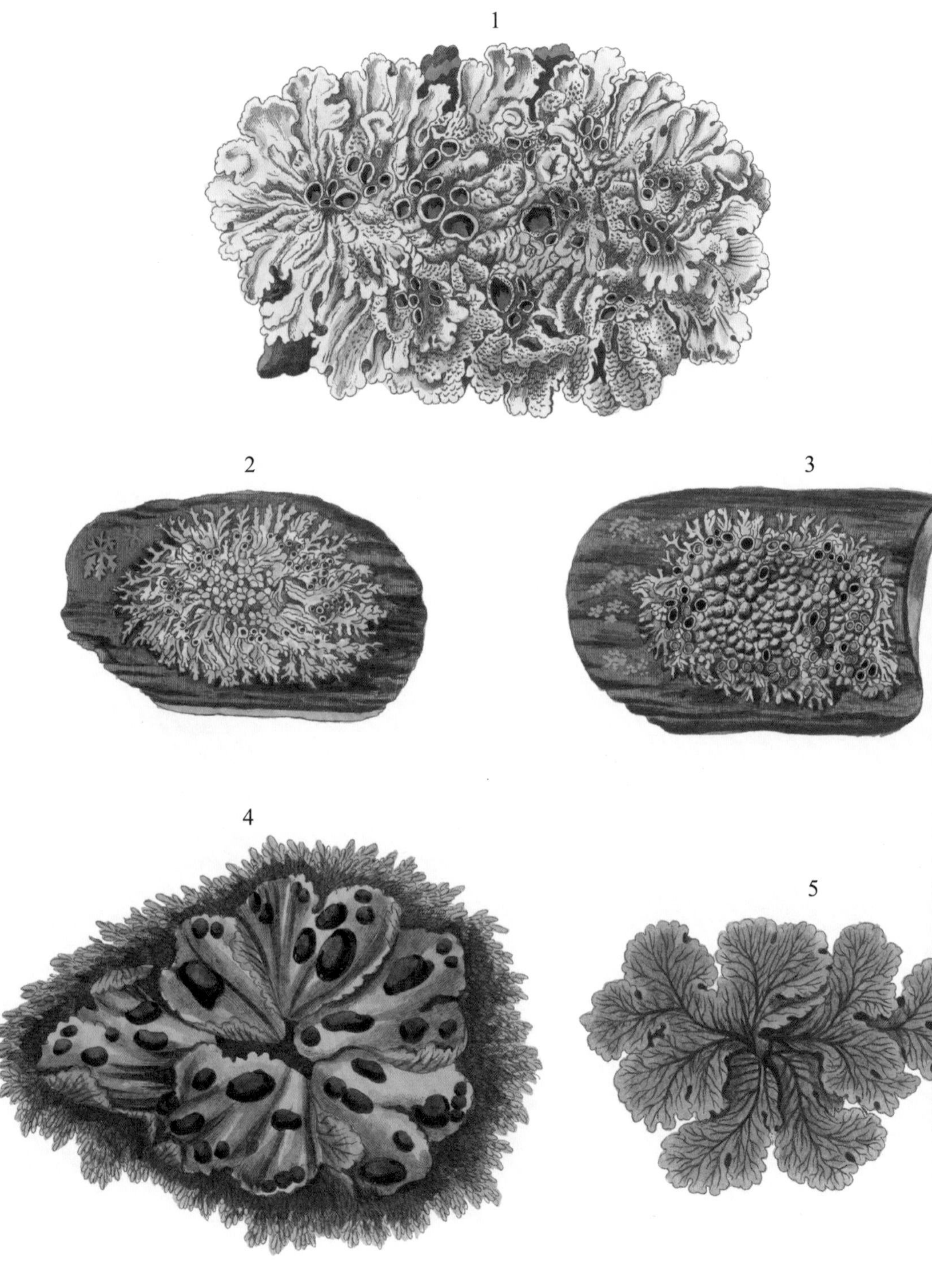
1
2
3
4
5

№40

1 皱衣 绿盾地衣
2、3 绿小叶梅 绿光
4、5 镉黄散盘衣 橙巧地衣

地衣除了普遍的灰绿色，也存在不少具有鲜艳颜色的特殊种类，北欧居民会采集特殊地衣类群用作染料。

插图来自 G. F. 霍夫曼所著《基于林奈分类法的森林地衣概述》，由约翰·斯蒂芬·卡皮厄于 1789 年绘制，1790—1801。

Festive Flora

节庆植物篇

策划：马克·内斯比特（Mark Nesbitt）
莉迪娅·怀特（Lydia White）

篇首语

“植物是一切生命的基础”，这似乎是一个真理，但值得注意的是，植物是经常被人们忽视的存在。这导致植物学家会选择使用诸如“生态服务”或“环境友好型解决方案 ”之类的词语，以便正确地强调植物对人类的实际好处。众所周知，植物的价值在于它可以成为食物、药品、衣服、燃料和装饰品等。除此之外，我们现在还可以加上碳捕捉、减轻城市的热岛效应，以及其他许多方面的价值。当然，研究人与植物之间关系的民族植物学家也会将研究的重点集中在协调植物保护和可持续发展等紧迫问题上。

最近，对植物另一种形式的“使用”引起了人们更多的兴趣：人们在日常生活中如何与植物互动，这个概念包含了以饮食为中心的社会方面，居家绿植或建造花园的园艺方面，乃至公园或乡村的景观造景方面。植物于人们的精神健康、社区凝聚力和健康社会等其他方面来说，也具有至关重要的意义。

在本篇中，这些参与人类节庆的植物将提醒我们，植物的象征意义，以及其参与世界上各种仪式的方式。有时，这些用途与宗教仪式有关，但我们所纳入的范围更加广泛，不仅包括具有文化意义的节日，还包含与地方重要产业有关的植物。欧洲和北美洲的圣诞节是一个重要的节日，也有着非常明显的特点，我们在邱园同事的帮助下，也关注了其他宗教、区域及一年中的某些时间与植物的联系。

本篇中，我们对“节日”的定义也更加宽泛，诸如墨西哥的亡灵节、棕枝主日、复活节或住棚节等严肃且代表着纪念与反思的节日，这些节日同样意味着家庭和朋友的欢乐聚会。一些植物的历史同样也是严肃的。例如，百慕大地区流行的木薯派，其主要成分木薯，是由从事大西洋奴隶贸易的船只带到百慕大的。

从最近广为流行的植物传说类的书籍中可以看出，想让人们了解并接触植物，最好的办法就是讲述一个引人入胜的、与植物象征意义相关的故事。这也说明了历史传承的重要性：人们对于植物的认知是由其家人、同龄人及电影、书籍和其他媒体讲述的故事所形成的。即使在一些植物传说已经消失的地区，这些故事也可以从历史资料中找寻并开始再次传播。从历史中重新挖掘和分享植物的象征意义，可以极大地丰富我们的生活。

书后的拓展阅读列表提供了一些进一步阅读的方向。与植物史的其他领域一样，在解读植物象征意义方面同样有着大量工作要做。这个课题已经收集了大量有关植物的神话传说，未来将迫切需要在对原始资料分析的基础上进行更多的研究。确定一种植物的象征意义的历史进程是很困难的。人们要面对的第一个难题

就是翻译古代文献中的植物名称，特别是对于那些已经随着社会发展有了新名称的物种。

维持植物象征意义上传承的合理性是非常重要的：月桂和橄榄在地中海东部地区似乎永远都是其文化中的重要内容。这种象征意义传承的合理性在一般情况下都是确定的，例如，基督教的圣诞节和早期纪念一年中最短一天的节日（如土星节）在月份而非日期上存在巧合。然而，这并不意味着今天的圣诞树（首次出现在 16 世纪的德国）与前基督教的圣树有任何联系。同样，18 世

纪英国人在槲寄生下接吻的习俗与古罗马作家普林尼关于2000年前德鲁伊人使用槲寄生的言论没有任何联系。然而，它在深冬时节保持绿色并结出大量果实的特性可以合理地解释为什么两者都选择将它作为冬季装饰，也许是因为其表现出的生命力与人们对于生育能力的期待有关。

我们在生活中也可以多留心身边的植物：植物如何装点着你所生活的社区？仍然种植着天然圣诞树的房子所占的比例有多少？哪些植物生长在公园、操场附近或被用于扫墓祭祖？孩子们的口中在传唱着哪些关于当地植物的故事？我们要做的研究仍有很多。当读者在参与各种社会和宗教的节日活动时，我们希望你能够留意其中的植物和它们背后的故事。

马克·内斯比特

英国皇家植物园·邱园经济植物馆馆长

节庆植物

本篇赞美了那些参与世界各地宗教、文化和民族节日中的植物。这些植物不仅可作为花环、神龛的装饰，也可作为节庆时的美食。这40幅充满节日氛围的植物绘画来自世界上较大的植物图书馆之一的邱园图书馆、艺术珍藏和档案馆。

邱园民族植物学家马克·内斯比特撰写本篇篇首语。本篇中每幅画都有详细的说明，使得本篇内容充满魅力。

No1

石榴 丹若

土耳其或其周边区域是最早种植石榴的地区，石榴血红色的汁液和大量的种子象征着肥沃、黎明、生命和死亡。许多伊朗家庭会在雅尔达之夜（Yaldā，庆祝一年中最长的夜晚，也被认为是冬至）吃石榴。

插图来自F. E. 科勒（F. E. Köhler）所著《科勒药用植物志》（*Köhler's Medizinal-Pflanzen*），1887。

№2

阿拉伯乳香树

乳香和没药是生长在非洲之角的野生树木的树脂，这两种树脂不仅是当地教堂香火的重要成分，也是当地人主要的收入来源。

插图来自 F. E. 科勒所著《科勒药用植物志》，1887。

№3

万寿菊 金盏花

必须强调的是，黄澄澄的金盏花在其故乡墨西哥和印度都是宗教仪式的重要组成部分。在墨西哥，自阿兹特克时代起，神圣的金盏花就被人们在亡灵日装饰墓地。在印度，象征着吉祥的金盏花花环被广泛用于宗教节日和公共仪式上。

插图来自爱德华·斯特芙（Edward Step）所著《园林和温室中最受欢迎的花》（*Favourite Flowers of Garden and Greenhouse*）一书，由 D. 博伊斯（D. Bois）绘制，1896。

No4

木薯 树葛

木薯的块状茎是亚马孙雨林地区人们的主食，并从这个地区逐渐流传至整个潮湿的热带地区。作为百慕大群岛的传统食物，木薯派是每家每户圣诞节餐桌上的必备佳肴。将木薯的块茎磨碎，制成甜蜜厚重的面糊，双面烤制后在中间夹上鸡肉或猪肉，这样一份美味的木薯派就可以上桌了。

插图来自米歇尔·艾蒂安·德斯科蒂兹（Michel Étienne Descourtilz）所著《西印度群岛药用植物图谱》（*Flore Médicale des Antilles*），1821—1829。

No5

突厥蔷薇 大马士革玫瑰

世界上大部分的玫瑰精油都是在保加利亚中部生产的。自 1903 年以来，卡赞勒克镇每年六月都会举办玫瑰节，用于庆祝玫瑰花的收获，玫瑰花瓣正是精油的原材料。玫瑰精油被广泛应用于香水，而玫瑰水则会被制成糖果，以用于中东地区的各种喜庆场合。

插图来自邱园藏品中皮埃尔·约瑟夫·雷杜特（Pierre Joseph Redouté）的作品，19 世纪。

No6

董棕 鱼尾棕

董棕原产于印度和斯里兰卡。人们将它的花摘下来后制成甜美的汁液，经平底锅煮沸后，熬制成棕榈糖渣。董棕除了作为甜味剂使用，也可以发酵成棕榈酒（toddy）。为了纪念智慧之神象头神（Ganesha），信奉印度教的人们将用棕榈酒和甘蔗渣制作的糖果献给神，并由其信徒食用。

插图来自米歇尔·艾蒂安·德斯科蒂兹所著《西印度群岛药用植物图谱》，1821—1829。

No7

高加索冷杉 圣诞树

传统的圣诞树是在1800年由乔治三世的德国妻子夏洛特王后引入英国的。夏洛特王后是一位充满热忱的植物学家，经常居住在邱园的皇宫里。如今，英国每年出售约800万棵圣诞树。高加索冷杉原产于土耳其和高加索地区，因其紧凑的外形和不易掉叶子的特性而被广泛种植。

插图来自科恩利斯·安东·简·亚伯拉罕·欧德曼（Cornelis Antoon Jan Abraham Oudemans）所著《尼尔兰德的植物园》（*Neerland's Plantentuin*）。

No8

蓬子菜

仲夏节（Sanzienele）最初是为了纪念夏至日而设置的，至今仍盛行于罗马尼亚的农村。年轻妇女采摘蓬子菜的花朵，并在教堂里进行祭祀。然后，经过洗礼的花朵会被放置在家门口，以保护其成员免受邪祟之害。

插图来自威廉·柯蒂斯（William Curtis）所著《伦敦植物志》（*Flora Londinensis*），1775—1798。

No9

白花鸡蛋花

白花鸡蛋花有着大而香的花朵，在夏威夷地区常用于制作花环。在萨摩亚的五旬节（Lotu Tamaiti）这一天，孩子们会穿着白色衣服、戴着白色的鸡蛋花冠去教堂庆祝。

插图来自尼古劳斯·约瑟夫·冯·杰昆（Nicolaus Joseph von Jacquin）所著《美洲标本选编》（*Selectarum Stirpium Americanarum Historia*），1780—1781。

№10

小冠薰 圣罗勒

与甜罗勒非常相似的小冠薰是印度教中重要的神圣植物之一。许多信奉印度教的家庭和寺庙都会在院子中种植这种植物。教徒们认为这种植物代表着纯洁、和谐、宁静和幸运，并且相信它可以保护人们免遭不幸。

插图来自玛丽安娜·诺斯遗赠给邱园的玛丽安娜·诺斯藏品，1876。

No11

一品红 圣诞红

这种美丽的大戟属植物原产于墨西哥和危地马拉的森林中。由于这种植物的绿叶和环绕花朵的猩红色苞片形成鲜明对比，全世界的人们都会在圣诞节时选择它们作为装饰。

插图来自本杰明·蒙德（Benjamin Maund）和约翰·史蒂文斯·亨斯洛（John Stevens Henslow）所著《植物学家》（*The Botanist*），1838。

No12

姜黄 黄姜

姜黄作为姜科的成员之一，原产于印度次大陆。它的地下根茎可用于染色，也可作为香料和药物使用，并且广泛应用于印度几乎所有的传统烹饪当中。在印度次大陆，黄色和橙色是具有精神内涵的颜色。

插图来自伊丽莎白·布莱克韦尔（Elizabeth Blackwell）所著《布莱克韦尔草药》（*Herbarium Blackwellianum*）一书，由其本人绘制，1750—1773。

No13

葡萄

在匈牙利的酿酒地区，人们会在丰收节庆祝葡萄的收获。舞厅中会挂上成串的葡萄，通过拍卖的方式卖给出价最高的人。

插图来自安东尼奥·塔吉奥尼·托泽蒂（Antonio Targioni Tozzetti）所著《花卉、水果和柑橘收获指南》（*Raccolta di Fiori Frutti ed Agrumi*），1825。

No14

锡兰肉桂 肉桂

肉桂作为热带香料之一，在欧洲常被用于圣诞节的相关庆祝活动。锡兰肉桂生长在斯里兰卡的郊野，现在也是那里的主要农作物。除了用于制作蛋糕和布丁，在德国的部分地区，人们会在新年前夜将这种肉桂和糖以及豆蔻一起加入红酒中制成潘趣酒（Punch）。

插图来自 F. E. 科勒所著《科勒药用植物志》，1887。

No15

海枣 椰枣

海枣树生长在北非、中东和南亚的温带地区，它甜甜的果实是当地人的主食。在阿拉伯国家，这种树是一种祝福的象征，每个部分都可以用于多种场合。在基督教中，棕枝主日（Palm Sunday）是犹太人逾越节的那一天，耶稣骑马进入耶路撒冷，迎接他的挥舞的棕榈树枝很可能就是海枣树枝。

插图来自亨利·路易斯·杜哈明·杜·蒙索（Henri Louis Duhamel du Monceau）所著《法国乔木、灌木露天种植指南》（*Traité des Arbres et Arbustes que l’on Cultive en France en Pleine Terre*），1800—1819。

№16

老鸦谷 不凋花

老鸦谷不是一种草，它的淀粉质种子具有与小麦或玉米类似的特性。老鸦谷是中美洲和安第斯山脉的古老谷物，这种谷物长期以来用于饮食和阿兹特克宗教仪式中。在今天，墨西哥的亡灵节上，人们会用老鸦谷和糖制成一种被称为“Calaveritas de amaranto”的骷髅糖果进行售卖。

插图来自琼·路易斯·玛丽·波瓦雷（Jean Louis Marie Poiret）所著《植物课堂》（*Leçons de Flore*），1819。

No17

参薯 薯蓣

尼日利亚会在六月底庆祝新山药节，这个节日标志着庄稼可以开始收获和食用了。这一习俗随着被奴役的非洲人传到了海地，当地的山药节同样是为了庆祝崭新的收获之日。

插图来自米歇尔·艾蒂安·德斯科蒂兹所著《西印度群岛药用植物图谱》，1821—1829。

№18

苹果

苹果最早生长在中国的新疆天山区域，在传播到欧洲后与当地的野生苹果进行了杂交。加拿大新斯科舍省的安纳波利斯山谷每年都会举办苹果花节。在英国和法国，苹果收获的季节往往是当地举办苹果酒节的时机。

插图来自皮埃尔·安托万·波托（Pierre Antoine Poiteau）所著《法国果树学》（*Pomologie Française*），1885。

No19

散沫花 指甲花

散沫花起源于地中海东部沿岸地区，作为一种临时性艺术用于装饰手和脚，现已传播到印度及亚洲和非洲等地区。人们用其叶片制成一种红褐色的染料，用于许多仪式当中，包括印度教的婚礼、开斋节等节日、标志着斋月结束的宰牲节和朝觐之旅中。散沫花象征着繁荣、肥沃、幸福、财富、诱惑和美丽。

插图来自威廉·罗克斯伯格（William Roxburgh）所著《印度植物志》（*Flora Indica*），1820—1824。

No20

单柱山楂 山楂

在英国的乡村，有许多与山楂树相关的民间传说，这些传说通常与五月有关，而山楂树不仅是幸运的象征，也代表着厄运。在柴郡的阿普尔顿·索恩村，孩子们仍会在索恩仪式（Bawming the Thorn Day）上围绕着山楂树跳舞。

插图来自乔治·克里斯蒂安·奥德（Georg Christian Oeder）所著《丹麦植物志》（*Flora Danica*），1761。

N°21

姜 生姜

姜其实是一种热带植物的根状茎（地下茎）。自罗马时代以来，干姜就开始从印度出口到欧洲了。它是德国许多城市制作蜂蜜蛋糕的常见原料，这种蛋糕在圣诞节期间广受欢迎。在罗马尼亚的特兰西瓦尼亚，人们会使用姜饼庆祝收获，这种经过华丽装饰的姜饼也是这个节日的特点之一。

插图来自 F. E. 科勒所著《科勒药用植物志》，1887。

No22

白车轴草 三叶草

白车轴草通常被认为是三叶草的几种植物之一。它与爱尔兰的守护神圣帕特里克有着长久的联系，这也许是因为三叶草的三片叶子被视为基督教三位一体的象征。自 18 世纪以来，三叶草已成为爱尔兰的国家象征。

插图来自奥托·威廉·托姆（Otto Wilhelm Thomé）所著《德国、奥地利和瑞士植物志》（*Flora von Deutschland Österreich und der Schweiz*），1885。

No23

玉蜀黍 玉米、苞谷

自玉蜀黍（玉米）于 7000 多年前在墨西哥开始种植以来，其一直作为一种谷物和动物饲料在全世界使用。玉米也是宽扎节的一个重要标志，宽扎节是自 1966 年以来非裔美国人举行的冬季文化庆典。在庆典中，家庭中的每个孩子都会被给予一穗玉米。

插图来自《欧洲温室和花园植物》（*Flore des serres et des jardin de l'Europe*），1873。

No24

毛桦 白桦树

在欧洲的民间传说中，毛桦树的枝条长期都被认为具有抵御邪灵的能力。在丹麦和挪威的大斋节（Lent）前，会有名为忏悔节（Fastelavn）的节日，孩子们会用糖果装饰着来自不同树木的树枝，其中毛桦树树枝是最有特点的。

插图来自乔治·克里斯蒂安·奥德所著《丹麦植物志》，1761。

No25

可可

今天我们吃的巧克力是由可可树的种子制成的，巧克力也经常出现在复活节彩蛋等节日礼物中。在中美洲的古代社会中，可可是宗教和仪式的重要组成部分，包括但不限于在婚礼上食用，作为巧克力发泡饮料献给死者等，并且可可也广泛应用于食品和医药。

插图来自 F. E. 科勒所著《科勒药用植物志》，1887。

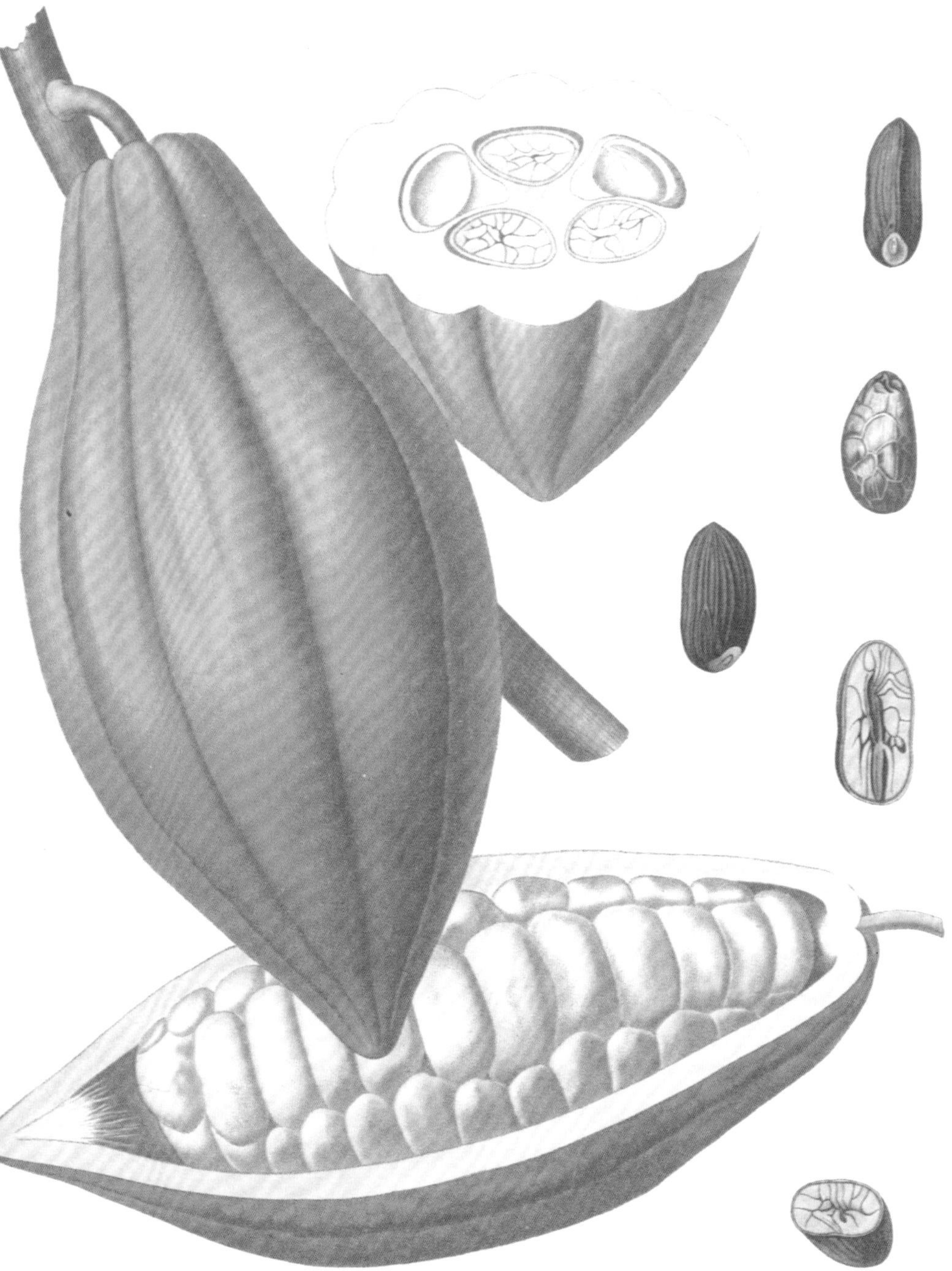

No26

油橄榄 橄榄

油橄榄是地中海地区生活中不可或缺的一部分，它既是城市景观的重要组成部分，也是多种油类产品的重要原材料。橄榄在《圣经》中经常被提及，它在所有起源于地中海东部沿岸地区的宗教中都有着重要的象征意义。在基督教中，橄榄枝经常与棕枝主日联系在一起。

插图来自 F. E. 科勒所著的《科勒药用植物志》，1887。

Nº27

非洲豆蔻 天堂籽

非洲豆蔻原产于西非，是一种姜科植物的种子。它有一种刺激性的胡椒味，多用于西非和北非的菜肴中，以前在英国还被用作啤酒的调味剂。这种香料在西非的文化和医学中非常重要，例如，在约鲁巴人的出生和婚礼上，非洲豆蔻常被作为礼物。

插图来自《柯蒂斯植物学杂志》，由 W.H. 菲奇（W. H. Fitch）绘制，1801。

No28

欧洲枸骨 冬青

挂在前门的圣诞花环中一个关键元素就是带有红色浆果的常绿冬青。这一习俗可能要追溯到罗马的萨图纳里亚节（Festival of Saturnalia），该节日在每年的同一时间举行，这期间也同样会悬挂冬青和常春藤花环。

插图来自托马斯·格林（Thomas Green）所著《世界通用药草》（*The Universal Herbal*），1816。

No29

樱 樱花

日本流行的赏花习俗通常在三月和四月举行，在此期间，人们喜欢聚集在树下野餐。来自日本的樱花树礼物将日本的春日习俗也传播到了美国华盛顿特区的潮汐盆地沿岸。

插图来自横滨苗圃股份有限公司（Yokohama Ueki Kabushiki Kaisha）所著《横滨苗圃股份有限公司产品目录》（*Catalogue of the Yokohama Nursery Co., Ltd.*），1907。

No30

垂柳 柳树

柳树毛茸茸的嫩芽是春天特有的标志。因此毫不意外，我们可以在复活节上见到柳树的身影，尤其是在正统天主教会教堂里，柳树与拉撒路的起死回生有着密切的联系。

插图来自亨利·路易斯·杜哈明·杜·蒙索所著《法国乔木灌木露天种植指南》一书，由皮埃尔·约瑟夫·雷杜德绘制，1800—1819。

№31

莲 莲花

莲花是佛教、印度教和儒家文化的一个重要象征。它代表着永恒、充足和丰富的好运。莲花常被当作贡品出现在佛教和印度教的寺庙中。

插图来自玛丽安娜·诺斯遗赠给邱园的玛丽安娜·诺斯藏品，1876。

No32

月桂 桂花树

在古希腊，月桂是阿波罗神的象征。而在今天，月桂除了作为一种烹饪药草，也是基督教中复活的象征。在古代皮提亚竞技会及某些纪念仪式上，月桂花环会作为获胜者的冠冕。

插图来自伊丽莎白·布莱克韦尔所著《奇特草药》（*A Curious Herbal*）一书，由其本人绘制，1737。

No33

椰子

椰子树是整个热带地区极为重要的食物和材料来源。椰子常被用作祭品，并在许多庆祝活动上作为食物。在斯里兰卡，人们会用椰奶制作咸味和甜味菜肴；而在东南亚，椰叶条被用来包裹马来粽，这是一种在斋戒期结束时供人食用的食物。

插图来自 F. E. 科勒所著《科勒药用植物志》，1887。

No34

牛蒡 牛蒡子

自中世纪以来，牛蒡人（Burryman）每年都会在苏格兰南部的南昆斯费里的街道上游行一次。他身上覆盖着满满的牛蒡果实，从一户人家走到另一户人家，接受威士忌酒的洗礼并给人们带来好运。

插图来自简·科普斯（Jan Kops）所著《巴达维亚植物志》（*Flora Batava*），1800—1846。

No35

密花相思 金合欢

密花相思（金合欢）是澳大利亚的国花。自1990年以来，九月一日一直是澳大利亚的金合欢日，其历史更是可以追溯到100年前。在这一天，所有的澳大利亚人，无论是移民还是原住民，都会佩戴金合欢的枝条进行庆祝。

插图来自约翰·埃德尼·布朗（John Ednie Brown）所著《南澳大利亚森林植物志》（*The Forest Flora of South Australia*），1882—1893。

No36

菊属 菊花

菊花节是日本五大神圣节日之一。人们将菊花放在铁丝框架中，使花朵覆盖在表面上而制成雕像，通常会在九月和十月展出。而在今天，这种形式的菊花展览已经不常见了，但偶尔也会有人食用菊花饼和菊花酒来庆祝这个节日。

插图来自爱德华·斯特芙所著《园林和温室中最受欢迎的花》一书，由 D. 博伊斯绘制，1896。

No37

番红花 藏红花

番红花经常出现在圣托里尼岛阿克罗蒂里（Akrotiri）有着3600年历史的米诺斯时期的精美壁画中。除了作为染料、药物和香料，番红花显然还有着象征意义。到了今天，大部分番红花都种植在伊朗。作为一种昂贵的香料，它常被添加在庆祝特殊场合的食品中，如复活节的西梅尔蛋糕或瑞典圣卢西亚日的番红花小面包。

插图来自伊丽莎白·布莱克韦尔所著《奇特草药》一书，由其本人绘制，1737。

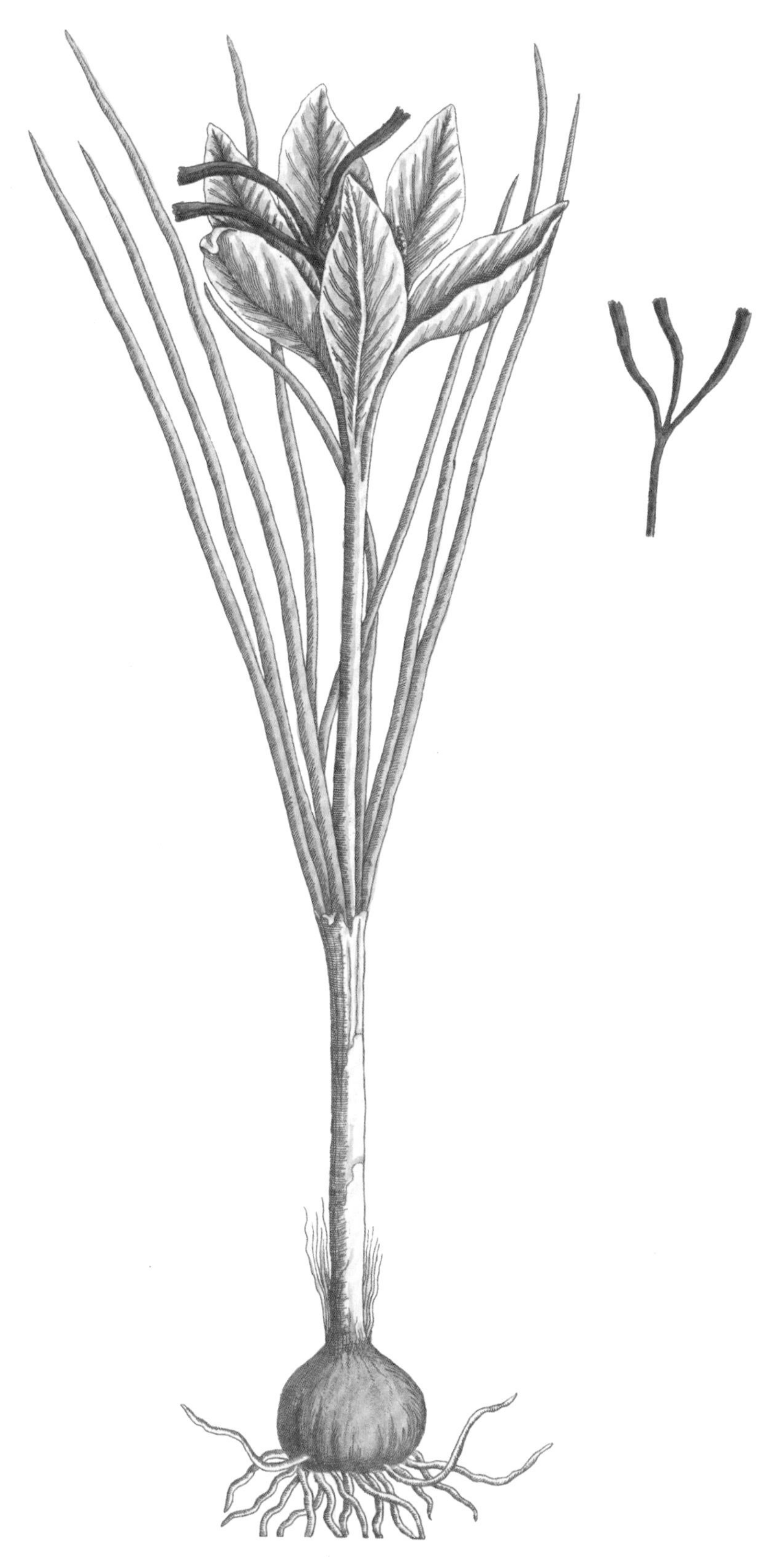

No38

香橼 柑橘

大约 2500 年前，香橼树从喜马拉雅山脚下被带到地中海东部沿岸地区，并在罗马时代开始广泛种植。香橼在犹太人的苏克节中发挥着重要作用，标志着秋季水果的收获。

插图来自安东尼奥·塔吉奥尼·托泽蒂所著的《花卉、水果和柑橘收获指南》，1825。

No39

白果槲寄生 槲寄生

白果槲寄生生长在欧洲大部分地区，寄生在苹果和山楂等树木上。珍珠状的浆果在圣诞节时成熟，这也许就是人们认为它拥有象征生育能力意义的原因之一。

插图来自 F. E. 科勒所著《科勒药用植物志》，1887。

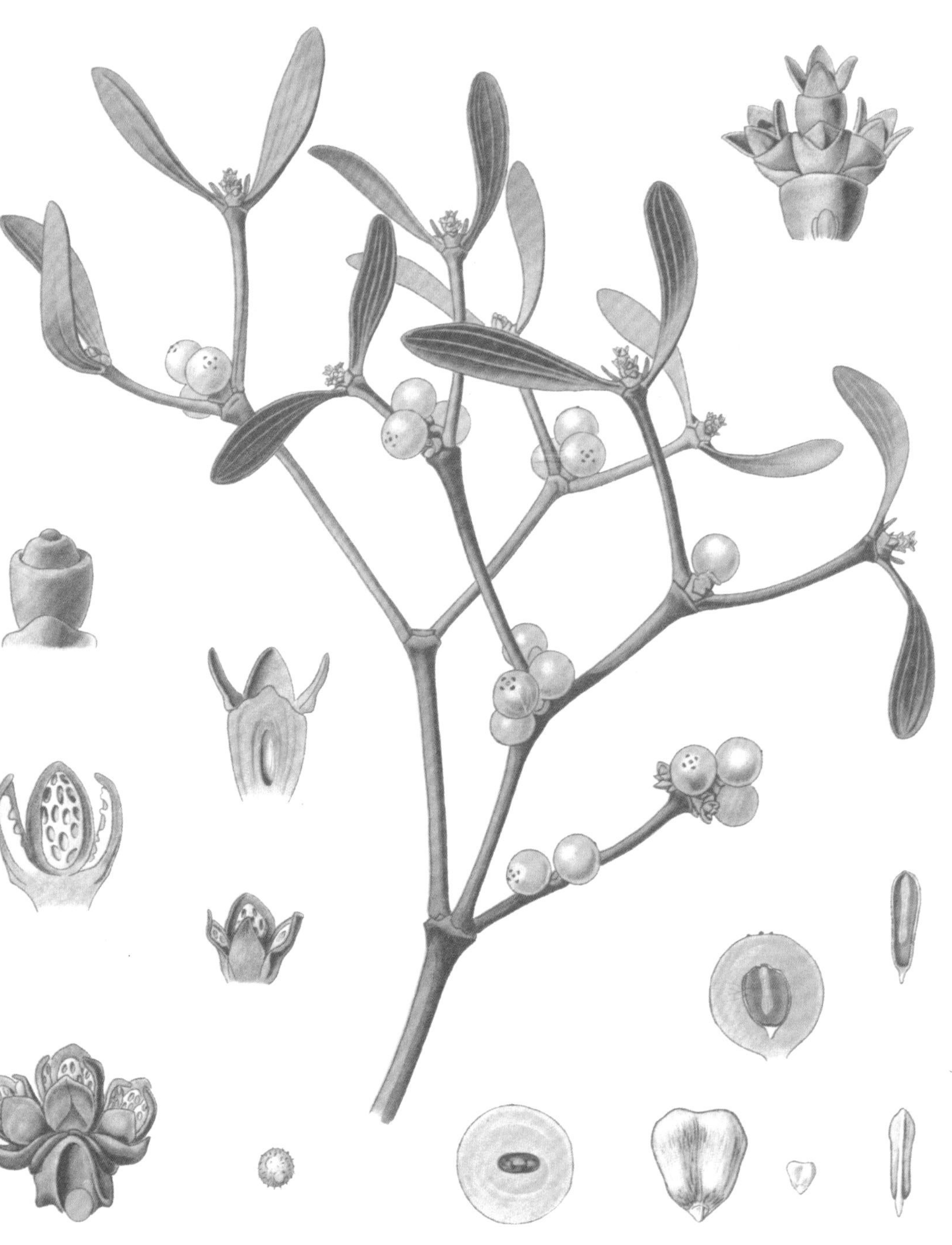

No40

秋海棠属植物 秋海棠

比利时种植了世界上一半以上的秋海棠，主要用于出口。每年八月在根特附近举行的罗克瑞斯蒂海棠节上，人们会庆祝这种观赏性花卉的美丽，至今已有 80 多年的历史。

插图来自《园艺杂志》（*Revue Horticole*），1890。

Fruit

水果篇

策划：海伦娜·达夫（Hélèna Dove）
莉迪娅·怀特

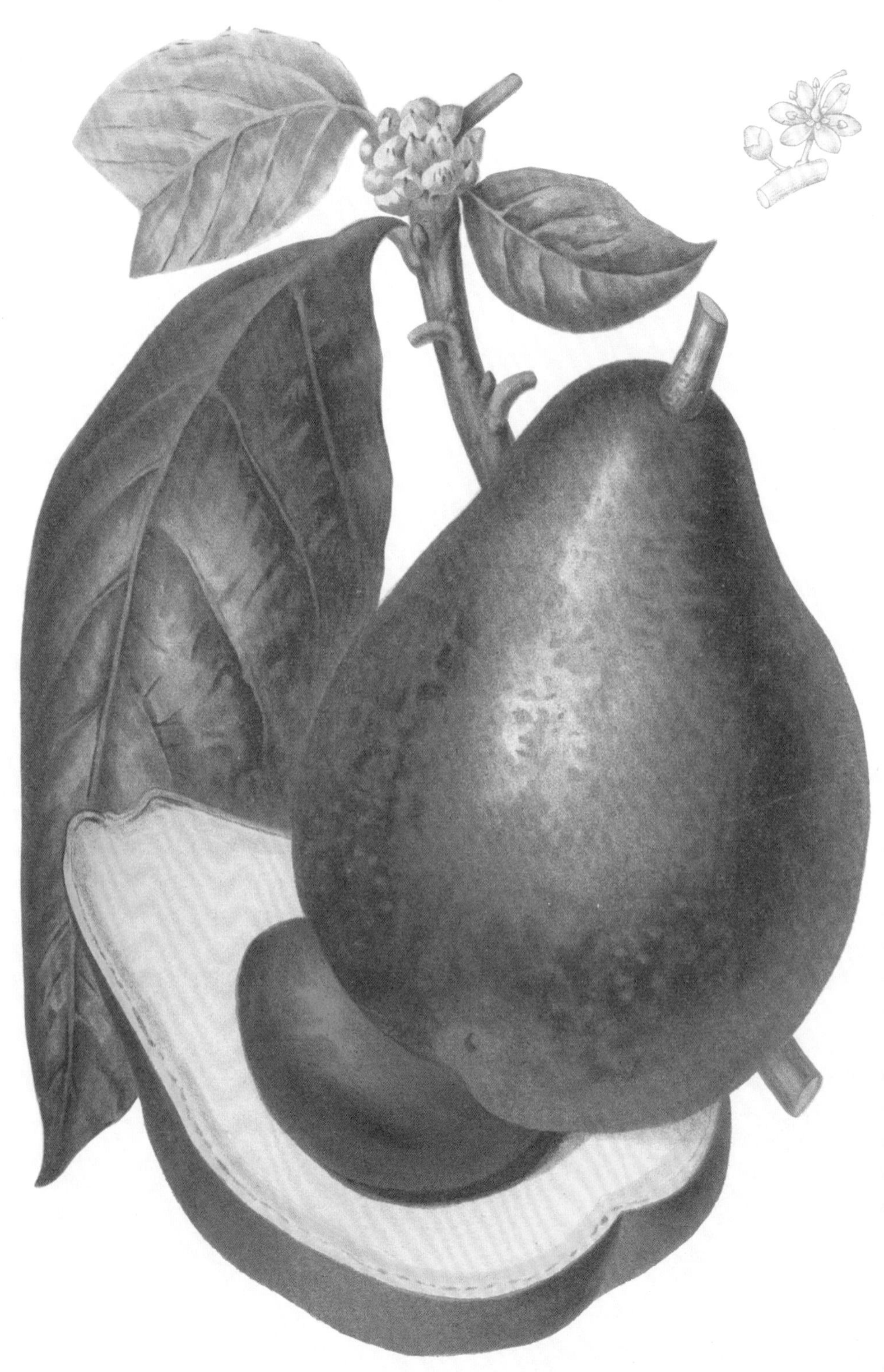

篇首语

刚摘下来的水果散发着阳光带来的暖意，这是大自然馈赠给我们的珍宝之一。拥有五颜六色外表、甜蜜多汁的水果不仅是植物生命周期的重要组成部分，对于食用它们的人类及其他动物来说也同样具有重要意义。

从植物学上讲，因为植物的果实由花的子房发育而来，其中包含种子，所以果实的形成是生殖过程中的重要一环。子房在经过授粉后会发育成美味的肉质果实，其主要目的是保护里面的种子直到它们成熟。然后，果实将发挥它的第二个功能——吸引动物来散播种子。

果实可以为动物提供一顿美餐，大部分的植物会希望动物将自己的果实整个吃掉，这样果实体内的种子才可经由动物传播出一定的距离之后，才被排泄而出。由于果皮具有保护种子的重要使命，因此果皮要么坚硬，要么会覆盖有毛发或尖刺等保护物。但这些难不住动物，尤其是哺乳动物，它们已经进化出可以处理这些表皮以获取里面的果肉的能力了。

果实通常具有鲜艳的颜色，这使它能轻易被动物发现。幼年的果实往往是绿色的，这是因为绿色的果实可以轻易地被周围的树叶隐藏起来，果实在成熟之后通常会转变成其他颜色，但在这之前，果实可以通过表皮中的叶绿素进行光合作用。果实的颜色通常代表它们的成熟度，这也与其种子的成熟度吻合，动物也同样可以通过颜色判断哪些果实已经成熟到可以吃了。果实的颜色往往代表着特定的传播者，例如，试图吸引鸟类的水果往往是红色和黑色的，而以哺乳动物为主要传播者的果实则倾向于棕色和橙色。造成果实五颜六色的色素通常也是抗氧化剂，因此，这些色素除了让果实看起来漂亮，对人的身体也有好处。

人类在挖掘香甜果肉的道路上不断精进，培育出了甜美、艳丽的水果。在这之后，这些水果往往被培育得更大、更甜、更加艳丽。人们有时还会采用一些手段来繁育无籽的水果，不让这些坚硬的种子影响口感。这类植物只能采用无性繁殖的方式，利用母株的克隆体进行繁殖。

根据植物学的定义，西红柿、黄瓜、辣椒、南瓜和豆类都属于果实，因为它们都是由子房发育而来的，并含有种子。但由于它们主要作为腌制食品来食用，因此本篇没有纳入这类果实，而主要介绍用于鲜食的水果。

邱园在水果栽培方面有着悠久的历史。在其成为植物园之前，该地区就有几个乔治王时代的厨房花园，里面种植各种水果，如葡萄、苹果和李子。为了避开英国寒冷的冬季，还有许多玻璃温

室专门用于培育和生产热带水果，如菠萝和桃子。即使在今天，邱园仍有一些区域以其之前的用途命名，这有助于向工作人员强调水果的重要性。从瓜园到橘园，许多特定的区域为不同的农作物提供了适宜的条件。

在 18 世纪和 19 世纪，由于邱园的植物运输在协助殖民地扩张方面的作用，其引进了许多新的水果。例如，西非荔枝果（参见第 288 页）是英国皇家海军“普罗维登斯号”在航线中（1791—1793 年）获得并引入邱园的众多植物之一，该航线旨在将面包树（参见第 308 页）从塔希提岛引入加勒比海的英国殖民地，约瑟夫·班克斯（Joseph Banks）在邱园担任执行主管期间促成了这次航行。

邱园的大型玻璃温室仍然种植着来自全球各地的水果。今天，邱园的科学家通过对这些水果的研究，帮助解决世界上一些水果的大规模生产问题。香蕉的健康问题促使科学家利用邱园的品种资源来帮助研究解决方案，这可能涉及与香蕉具有亲缘关系的温带馆中的一种粉红香蕉。利用邱园的水果植物种质资源有助于科学家与饥荒作斗争。除了植物，他们还可以在邱园的姐妹基地韦克赫斯特（Wakehurst）植物园中的千年种子库中获取水果种子，那里储存着来自世界各地的种子供科研使用。目前的工作包括储存许多栽培水果的野生近缘物种，以便它们能解决未来可能会遇到的问题。

在家种植水果将会提供一种完全不同的体验。通常情况下，超市里的水果在完全成熟之前就被收获了，这样就可以在果皮比较结实、不容易损坏的时候进行运输。为了方便运输和保证卖相，商店里的水果品种的果皮会更厚，大小和颜色也更统一，相对来说，口味并不是商人首要考虑的因素。由于在自家庭院种植的水果不需要经过漫长而危险的旅程就能走上人们的餐桌，因此可以在水果成熟至最完美的时期收获，而人们选择栽培品种就可以将目标集中在具有优良口味的品种上。例如，在商店里很少能找到传统的带节赤褐色苹果，因为它的外观很特别（有人说很难看），这种苹果的果皮有块状的棕色，但味道却很好。

在本篇中，植物艺术家描绘了水果并对这种大自然的馈赠加以赞美。果皮的丰富色彩和内部的果肉经常存在着令人惊讶的反差，从而激发了艺术家的灵感。这些精心绘制的作品不仅激励了人们种植和食用不同的水果，更有助于人们探索水果香甜的口感。

海伦娜·达夫

英国皇家植物园·邱园果蔬花园负责人

水果篇

水果早已成为人们日常生活中的一部分，并在一年四季都给人们带来季节性的惊喜，它不仅带来了视觉和味觉的狂欢，同时有着令人着迷的外形和丰富多样的品种。本篇赞美了这些来自世界各地的美味水果，这 40 幅精美的植物绘画来自世界上较大的植物图书馆之一的邱园图书馆、艺术珍藏和档案馆。

来自邱园果蔬花园的园丁海伦娜·达夫撰写了本篇篇首语，并为每幅画配上了详细的说明，使之成为一份充满魅力的纪念品。

No1

山竹 山竹子

山竹原产于印度洋周边地区，在去掉山竹暗红色果皮后，就能看到对比鲜明的白色果肉。山竹的甜美多汁令人难以置信，每一瓣果肉都充满着温和、芳香的味道。

插图来自贝特·胡拉·范·努腾（Berthe Hoola Van Nooten）所著《爪哇岛果树植物群落的叶、花、果精选》（*Fleurs, Fruits et Feuillages Choisis de la Flore et de la Pomone de L'Ile de Java*），1863。

№2

榅桲 木梨

榅桲曾经是一种非常受欢迎的水果，它有金色的外皮、奶油色的果肉和浓郁的香气。果实在秋季成熟，肉质偏硬，因此通常采用炖煮的方式加工，辅以苹果可以减少榅桲本身强烈的味道。有一种叫作榅桲（membrillo）的奶酪也是由它制成的。

插图来自阿洛伊斯·斯特勒（Alois Sterler）和约翰·内波穆克·迈耶霍夫（Johann Nepomuck Mayerhoffer）所著《欧洲药用植物志》（*Europa's Medicinische Flora*），1820。

No3

草莓

这种来自夏日的甜美馈赠事实上是一种假果，因为从植物学的角度来说，果实的果肉主要是由子房膨胀发育而成的。但就草莓而言，我们所吃到的红色果实其实是由花托发育而来的，花托位于花的基部位置，托举着子房和花瓣，草莓真正的犹如芝麻一般的果实就镶嵌在上面。

插图来自安托万·波托所著《法国果树学》，1846。

No4

鸡蛋果 百香果

水果沙拉中常会添加鸡蛋果来增加一丝甜味。虽然它的藤蔓并不耐寒，无法在寒冷的气候下生长，但值得庆幸的是，大多数鸡蛋果，包括通常种植的装饰性鸡蛋果的果实，也是可以食用的，而且这种植物更加耐寒。

插图来自《柯蒂斯植物学杂志》，1854。

No5

西非荔枝果 阿开木果

西非荔枝果是一种鲜红色的水果，成熟后变成橙色并会裂开。里面有 2 ～ 4 个腔室，每个腔室都有一个大而黑的种子，周围包裹着奶油色的果肉，有一种坚果的味道。人们通常在采收后把西非荔枝果做成咸鲜口感的菜肴。

插图来自米歇尔·艾蒂安·德斯科蒂兹所著《西印度群岛药用植物图谱》，1821—1829。

No6

大果越橘 蔓越莓

大果越橘是一种生长在常绿灌木上的小型红色酸味浆果，藤状的枝条会沿着地面爬行伸展。由于大果越橘是喜酸性土壤的植物，在 pH 值偏低的土壤中会生长得更好，因此进行商业化生产的大果越橘基地会把它们种植在酸性的沼类土壤中。部分大果越橘会用水来进行辅助收获：将果实从植物上摘来，集中之后用水将所有的果实淹没。大果越橘果实体内含有气囊，健康的大果越橘在水中会漂浮起来，人们根据这个特点易于区分好果和坏果。

插图来自《园林植物》(*Gartenflora*)，1871。

No7

阳桃 星星果

阳桃的边缘有 5 条脊，这意味着它的横截面是一个星形，因此也被称为星星果。阳桃的整个果实都是可以食用的，果皮蜡质，果肉松脆，味道甜美，口感类似葡萄，也有偏酸的品种。

插图来自玛丽安娜·诺斯遗赠给邱园的玛丽安娜·诺斯藏品，1876。

No8

欧洲李 李子

李子具有五颜六色的生长周期，从幼果开始会经历从深紫色到金黄色和青绿色，直至成熟。它们的味道也有酸有甜。李子的果皮外会覆盖着一层果蜡质，被称为蜡霜，其功能是减少水分的流失。

插图来自阿洛伊斯·斯特勒和约翰·内波穆克·迈耶霍夫所著《欧洲药用植物志》，1820。

No9

柿子 沙伦果

柿子树的橙色果实被称为沙伦果，或者干脆被称为柿子。它的整个果实，包括果皮都是可以食用的。柿子成熟前的果肉偏硬且生涩，但是一旦成熟，就会给你完美的口感。这种树很耐寒，可以在较冷的气候下生长，不过柿子的果实在较低的温度下很难成熟，放在温暖的室内可以加速其成熟。

插图来自《园艺杂志》，1878。

No10

鹅莓

鹅莓是一种生长在小灌木上的像小宝石一样的浆果，其甜味度取决于栽培品种的不同。灌木上覆盖着尖尖的刺，使收获浆果的过程略显危险，但这也让鹅莓的价值更高。

插图来自乔治·布鲁克肖（George Brookshaw）所著《大不列颠果树》（*Pomona Britannica*），1817。

No11

德国山楂 欧楂果

德国山楂是一种小型的棕色果实，有下垂的三角形萼片，给人一种独特的感觉，因此也有“驴屁股”这样的绰号。这种果实只有在经过一定程度的“腐烂”后才能软化至合适的口感，也就是让果实挂在树上足够长的时间，让霜冻来分解坚硬的果肉。

插图来自《比利时园艺》(*La Belgique Horticole*)，1856。

№12

柠檬

柠檬是一种常绿灌木，不耐寒。在英国出现寒流后，需要将其移到室内。它们的花期往往在冬季稍晚些时候开始，由于果实需要 12 个月左右的时间才能成熟，因此我们可以在一棵树上同时看到美丽芬芳的花朵和迷人的黄色柠檬。

插图来自安托万·波托所著《法国果树学》，1846。

No13

杧果

生长在温暖热带气候下的杧果是一种高大的木本植物。它的果实甜美多汁，果肉中间有一块大而扁平的种皮保护着种子。在野外，杧果主要由果蝠授粉，它们也会食用成熟的果实。

插图来自贝特·胡拉·范·努腾所著《爪哇岛果树植物群落的叶、花、果精选》，1863。

No14

苦瓜 凉瓜

与黄瓜和南瓜一样，苦瓜属于葫芦科，生长在蜿蜒的藤蔓上。果实通常在未成熟且仍为绿色时采收。苦瓜的表皮有着疣状纹理，横截面是空心的。它们作为蔬菜常被切成片来烹调，保留了独特的苦味。

插图来自《欧洲的温室和花园植物》，1854。

No15

面包树 面包果

我们可以从面包树果实（面包果）表皮上大量的六边形沟壑很容易看出，面包果其实是由数百个较小的果实聚合在一起组成的。因其淀粉质的果实具有面包的黏性和味道，因此被称为面包果。面包果虽然可以生吃，但更常见的是煮熟食用。

插图来自约瑟夫·雅各布·里特·冯·普伦克（Joseph Jacob Ritter von Plenck）所著《药用植物图谱》（*Icones Plantarum Medicinalium*），1788—1812。

No16

人心果

野生的人心果生长在墨西哥等地的温暖气候下，高度可达 30 米，不过在人工种植过程中，它们会被控制在大约 15 米的可控高度。果肉有奶油色、巧克力色等，果实成熟之后，肉质会变得柔软，充满着甜美的麦芽风味。

插图来自琼·克劳德·米恩·莫登特·德·劳奈（Jean Claude Mien Mordant de Launay）所著《植物爱好者的标本馆》（*Herbier Général de l'Amateur*），1816—1827。

No17

大蕉 香蕉

大蕉被认为是地球上最早的水果。为了保证口感，经过商业化改良的大蕉品种是无籽的，这也意味着大蕉只能通过无性繁殖的方式进行繁育，因此所有大蕉都来自相同母体的克隆体。大蕉植物从根茎处开始生长，虽然外观看起来像树，但其实它们是草本植物，具有一个高大的草质茎。

插图来自贝特·胡拉·范·努腾所著《爪哇岛果树植物群落的叶、花、果精选》，1863。

No18

红毛丹 毛荔枝

红毛丹的果实成簇生长，外皮覆盖着肉质的红色刺，也被称为刺毛，使果实看起来毛茸茸的。红毛丹植株对寒冷很敏感，在低于10℃的温度下便难以生长，这种特性也限制了这种水果的种植范围。

插图来自贝特·胡拉·范·努腾所著《爪哇岛果树植物群落的叶、花、果精选》，1863。

No19

梨

梨是典型的果园水果之一，口感甜美的梨在刚从树上摘下来的时候口感就达到了巅峰。由于它的皮很薄，因此不耐运输。一个值得注意的品种是 *Williams Bon Chrétien*（注：暂无官方译名），这是一种用于烹饪的品种，据说是由邱园（包括厨房花园）主管W. T. 艾顿（W. T. Aiton）命名的。

插图来自安托万·波托所著《法国果树学》，1846。

No20

挂金灯 酸浆

挂金灯果实的口感相当平淡，具有些许药用价值，偶尔可以入药。人们种植这种植物主要是为了观赏其纸质的外果皮，这种令人着迷的果皮主要是为了在果实发育过程中保护种子，这让挂金灯果实整体看上去像是一个挂在茎上的灯笼。它的近亲开普敦鹅莓（*Physalis peruviana*）有着金色、更加多汁甜美的果实，但遗憾的是，其外果皮就没有这么高的观赏性了。

插图来自《欧洲的温室和花园植物》，1854。

No21

米糕娄林果 柠檬派果

这种大型热带树木结出巨大果实，上面覆盖着一层软刺。切开之后，就可以闻到类似柠檬酥皮馅饼一般甜而香的果肉气味。遗憾的是，这种果实很容易碰伤，而且一旦采摘就很难储存，所以最好是现摘现吃。

插图来自弗朗索瓦·里查德·德·图萨克（François Richard de Tussac）所著《安的列斯群岛植物志》（*Flore des Antilles*），1808—1827。

No22

荔枝 鳄莓

荔枝是一种起源于中国的常绿木本植物，株高大约 15 米。荔枝的果实可以生食，口感香甜。果实外面包裹着一层独特的、有质感的红色果皮，这使它们有了另一个俗称——鳄莓。

插图来自琼·克劳德·米恩·莫登特·德·劳奈所著《植物爱好者的标本馆》，1816—1827。

No23

酸橙 苦橙

酸橙的果肉被包裹在具有保护性的果皮中，这种果皮本身就是一种美味的配料。橙黄色果皮的这面被称为外果皮，含有大部分的挥发性精油物质，使果皮颇具风味；反面白色的一面被称为内果皮。

插图来自安托万·里索（Antoine Risso）、安托万·波托和阿方斯·杜·布鲁伊（Alphonse Du Breuil）所著《柑橘的文化和历史》(*Histoire et Culture des Orangers*)，1782。

No24

乌墨 黑李子

乌墨的果实颜色从未成熟的绿色到珊瑚粉色，然后在临近成熟时会变成深黑色。据说本应是甜味的果实，吃起来通常都是相当酸的，且具有一种苦涩的味道。但由于它的果实非常多汁，因此很适合制作果酱和蜜饯。

插图来自贝特·胡拉·范·努腾所著《爪哇岛果树植物群落的叶、花、果精选》，1863。

No25

枇杷

枇杷果实的外表是橙色的，具有酸酸的白色果肉，通常在秋天和冬天开花，春天成熟。种子占据了果实中的大部分空间，所以有些人会将果实煮熟后去掉种子食用。由于果肉含有大量的果胶，因此非常适合用来制作蜜饯。

插图来自邱园藏品中琼·加布里埃尔·普雷特（Jean Gabriel Prêtre）的作品，1825。

No26

药用大黄 中华大黄

虽然从分类上讲，大黄不是一种水果，而是一种蔬菜（其可食用的叶柄是植物植株的一部分），但大黄鲜艳的粉红色茎大多是作为水果一类的甜食食用的。作为和芦笋、球形洋蓟等一样的多年生作物，它在厨房花园里较为罕见。大黄可以在早春时节通过避光强制生长，这样培育的大黄茎干更为美观，味道更加甜美。

插图来自夏洛特·玛丽·扬（Charlotte Mary Yonge）所著《蔬菜世界指导图册》（*The Instructive Picture Book or Lessons from the Vegetable World*），1863。

Nº27

洋樱桃 樱桃

樱桃有两大类可供人们食用：甜樱桃（*Prunus avium*），包括最受欢迎的“Stella”品种，以及酸樱桃（*Prunus cerasus*），其带有酸味的果肉非常适合烹饪。除了这些美丽的红色、黄色或白色果实，樱花树还因其在春天绽放的美丽花朵而受到人们的喜爱。

插图来自《比利时园艺》，1853。

No28

番木瓜 巴婆果

番木瓜是一种巨大的草本植物，高度可达到5米以上，果实通常结在茎的中心位置。该植物底部的叶子容易脱落，最后整株看起来像一个大型的热带抱子甘蓝。一般在果肉呈深橙色的时候采摘果实，但也可以在未成熟和绿色的时候采摘果实，可以用于烹饪。

插图来自克里斯托夫·雅各布·特鲁（Christoph Jacob Trew）所著《精选植物》（*Plantae Selectae*）一书，由乔治·狄奥尼修斯·埃雷特（Georg Dionysius Ehret）绘制，1750—1773。

No29

葡萄

一串串的葡萄生长在木质的藤蔓上，颜色也是丰富多彩。栽培的葡萄通常有两种：一种是用于鲜食的食用葡萄，这种葡萄个大，无籽，皮薄；另一种是酿酒用葡萄，这种葡萄个小，通常含有种子。酿酒用葡萄的皮很厚，含有令人陶醉的葡萄酒香味，其甜度有助于发酵。

插图来自安托万·波托所著《法国果树学》，1846。

No30

菲油果 费约果

菲油果是一种常绿灌木植物，花朵呈美丽的粉红色，有着迷人的香味。虽然与番石榴长得很像，但是菲油果的果实其实不是真正的番石榴，它的果肉同样芳香可口，邱园的餐厅会经常使用这种果实。

插图来自《柯蒂斯植物学杂志》，1854。

No31

覆盆子 树莓

通常栽培的覆盆子有两种类型，即夏季和秋季结果的覆盆子。同时种植这两个品种的覆盆子可以延长生产时间，但要注意的是，它们的修剪方式是不同的。夏季结果的覆盆子在前一季生长的枝条上结果，因此，在夏季结束时，只应将结果的枝条剪除，留下本季的枝条。秋季结果的覆盆子在本季的枝条上结果，所以在冬末要全部砍掉。

插图来自乔治·布鲁克肖所著《大不列颠果树》，1817。

No32

鳄梨 牛油果

鳄梨是一种非常受欢迎的水果，它的绿色果肉通常用来烹饪。鳄梨树的幼年阶段长达6年，直至果树成熟后，它们才会结出梨形的果实。尽管鳄梨具有一定的抗寒能力，但是仍需在温暖的条件下才能成熟。

插图来自玛丽安娜·诺斯遗赠给邱园的玛丽安娜·诺斯藏品，1880。

No33

石榴 丹若

石榴是一种体形较大、内部填充有红宝石般种子的水果，每颗种子都被充满汁水的果皮包裹。石榴果实的汁液 pH 值为 4.4，尝起来相当酸，但这也为水果沙拉增添了些许刺激性的口感。

插图来自约瑟夫·雅各布·里特·冯·普伦克所著《药用植物图谱》，1788—1812。

No34

无花果 映日果

新鲜的无花果绝对是一种奢侈品，其果肉甜美，深紫色的果皮同样可以食用。无花果的果实本身是由许多无法直接观察到的花朵发育而来的，这种被称为隐头花序的花朵形态是在无花果荚或合欢果的内部授粉和生长的。

插图来自奥托·威廉·托姆所著《德国、奥地利和瑞士植物志》，1886—1889。

No35

甜瓜 香瓜

甜瓜有各种形状和大小，果肉的颜色也是从绿色、白色到橙色一应俱全，口感不仅可以清爽，也可以是令人难以置信的甜和芳香四溢。甜瓜的大小和形状各不相同，果皮有的完全光滑，有的则带有凸起的网纹。这种植物本身是一种攀缘植物，产生的卷须可以抓住物体，以强劲的力道将甜瓜拖到阳光下。

插图来自伊丽莎白·布莱克韦尔所著《奇特草药》一书，由其本人绘制，1737。

No36

苹果

苹果在大约1万年前通过丝绸之路到达英国之后，便成为英国果园的代名词。苹果的颜色从绿色、深红色到赤褐色多种多样。截至目前，已经有数以千计的栽培品种，按口味大致分为甜味型、酸味型和苦味型。

插图来自查尔斯·麦金托什（Charles McIntosh）所著《果树花卉》（*Flora and Pomona*）一书，由E. D.史密斯（E. D. Smith）绘制，1829。

No37

榴莲

榴莲的存在就证明了并非所有水果都是甜的。榴莲那布满棘刺的表皮或许是在提醒着人们，它的果肉具有强烈的难闻气味，甚至在一些公共场所也被禁止食用。但也有一部分人表示榴莲的气味是香甜的，而且果肉相当美味。

插图来自贝特·胡拉·范·努腾所著《爪哇岛果树植物群落的叶、花、果精选》，1863。

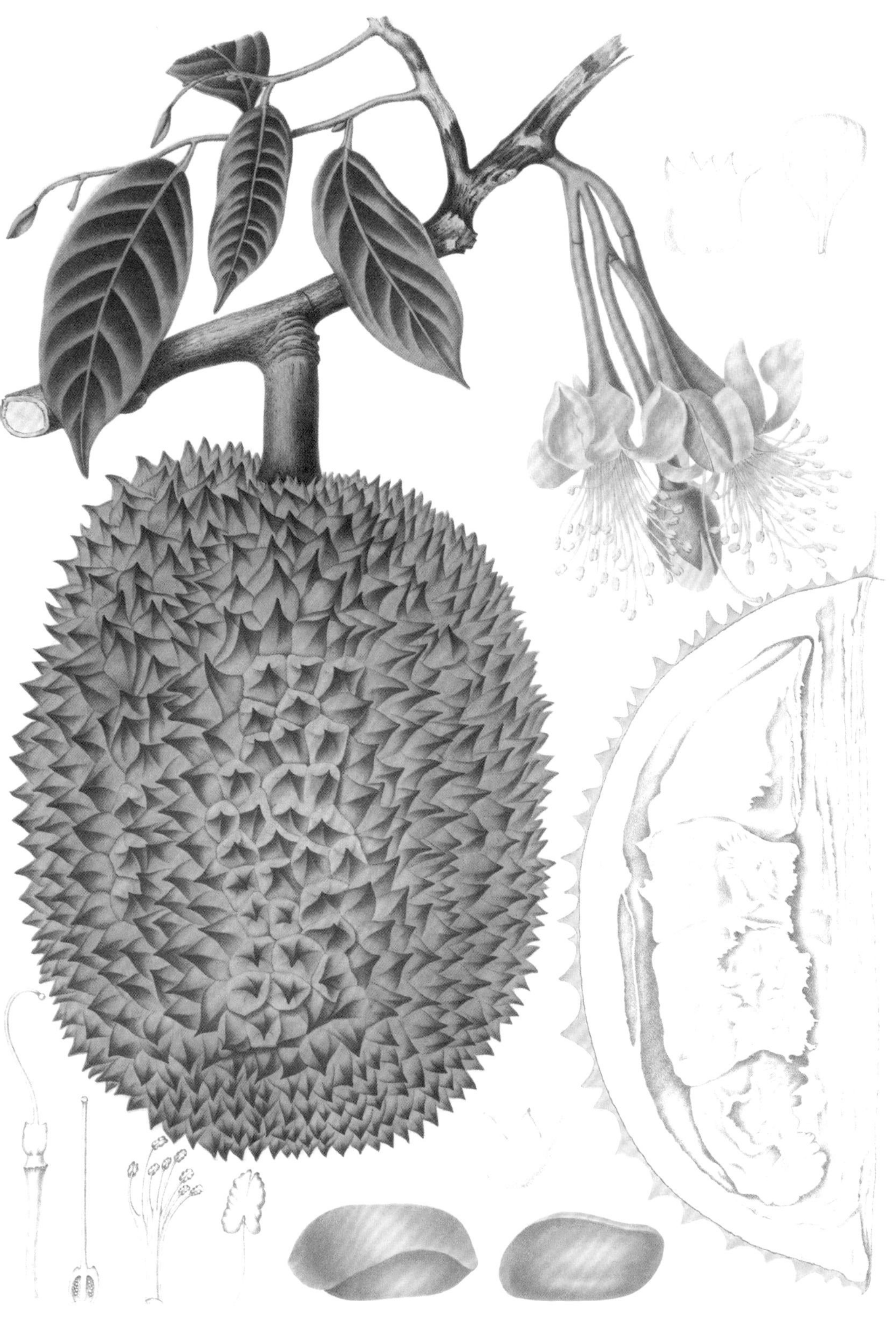

No38

杏

杏树美丽的粉红色花朵绽放在早春时节，这个时期许多授粉昆虫还没有开始活跃。为了确保成功授粉，种植者通常会使用人工授粉，将花粉从一朵花采集下来后授粉给另一朵花。传统的人工授粉是将兔尾巴绑在一根长杆上进行采集花粉和授粉，现在用普通的毛笔也能成功地完成授粉过程。

插图来自《园艺杂志》一书，由J. 吉洛（J. Guillot）绘制，1910。

No39

红茶藨子 红醋栗、红加仑
黑茶藨子 黑醋栗、黑加仑

这种黑加仑灌木的深紫色果实呈小束状垂下，被称为果串，其近亲红加仑和白加仑也有这种特征。由于黑加仑维生素 C 含量高，它在第二次世界大战期间广受欢迎。

插图来自《园林植物》，1867。

No40

凤梨 菠萝

这种热带水果生长在植株茎干的顶部，有着极其尖锐的叶子，这使它能很好地抵御掠食者。整个果实本身是由数百个较小的浆果组成的，它们聚合在一起形成了人们所熟悉的大而美味多汁的菠萝。

插图来自邱园藏品中P.德·潘内梅克（P. de Pannemaeker）参考C. T. 罗森伯格（C. T. Rosenberg）作品绘制的画作，1850。

Herbs & Spices

药草和香料篇

策划：马克·内斯比特
吉娜·富勒洛芙

篇首语

虽然药草和香料不具备如能量和维生素这样的核心营养成分，但我们很难想象如果没有它们，食物会有怎样的口感。无论是单独使用一种还是搭配使用多种香料，它们都可以为菜肴及饮料带来复杂多变的味道和香气。此外，有些香料的味道还会给人带来强烈的联想，如有些食物的香味会让人联想到节假日。再加上许多香料具有药用价值，因此，有大量关于药草和香料的文献也就不足为奇了，我们在文后给出了拓展阅读的推荐。

人们之所以会将药草和香料结合在一起，是因为两者都含有精油和其他化合物等足以对人体产生作用的物质。它们的区别在于，药草通常使用新鲜的叶子、茎等组织，而香料则大部分使用干燥后的果实、种子、根和树皮等，当然有时也会使用新鲜的部分。许多香料来自热带地区，因此，它们经过干燥后，在漫长的运输途中保持香气是非常重要的。相比之下，药草在干燥后大多会失去香气，但也有薰衣草和迷迭香等明显的例外。在航空运输出现之前，园丁将药草种植在距离城镇带足够近的地方，以便趁药草新鲜时使用。现如今，药草仍然很适合在厨房外或窗台上种植。

精油是复杂的化学混合物，具有易挥发的特点。换句话说，它们在室温下会挥发到空气中。正是这种气味分子从植物中逸出的挥发性，使我们能够闻到它们的香味。除了以药草和香料的形式食用，还可以通过蒸馏来提取精油。这些被提炼出来的油性物质可用于家庭香氛，并在工业上大规模地用于化妆品、食品调味品和医药。

植物学家仍在研究植物为何会产生精油及精油对植物的益处，很明显，这些正面影响因物种而异。在许多情况下，它们对捕食者（包括微生物）是有毒的或是可以驱赶捕食者的。事实上，精油的抗微生物作用是其药用价值的基础。同时，这些有毒的特性也提醒我们，许多精油对人类也是有毒的。而在其他情况下，香气会吸引授粉者和种子传播者：一些草本植物含有柠檬香精，这对蜜蜂有巨大的吸引力。还有人推测，精油在植物中发挥了抗氧化作用，拖走了多余的自由基。

萜烯类化合物是精油的主要成分，也是柑橘、薄荷和针叶树等香气的基础物质。大多数精油是由萜烯和其他化学物质的混合物组成的，其香气和其他特性会因为组成物质的差异而产生很大不同。并且植物中的此类成分会受到环境的影响，例如，炎热的气候可能会刺激这些化学物质的大量合成。我们在研究了遗传因素的影响之后，培育出具有特殊属性的品种。因此，建议种植者

仔细关注他们种植的药草或香料的品种。

香料由于具有容易携带、价值高昂的特性，因此很适合用于长途贸易。中国和欧洲都有超过2000年的香料贸易的历史。有证据表明，在公元前7世纪的希腊就有来自印度或更远的东方的肉桂，公元前3世纪的中国就有来自马鲁古群岛（摩鹿加群岛）的丁香。在2000年前罗马征服埃及并积累了足够的财富后，又开辟了安全的贸易路线，至此，古罗马获得大量进口的胡椒（第441页）、锡兰肉桂（第413页）、姜（第230页和425页）和丁子香（第421页）。

这些香料随着贸易线路穿越印度洋，到达红海，通过陆路到达地中海。大约在同一时期，通过中亚和伊朗的陆上丝绸之路也发展了起来。

大约从1100年开始，通过印度和阿拉伯的海路贸易，与欧洲的香料贸易得以恢复，君士坦丁堡和意大利北部的威尼斯、热那亚和佛罗伦萨等城市变得富裕起来。在15世纪，欧洲国家开始为自己的船只寻找直接通往印度和东南亚等香料原产地的海上航线。葡萄牙商人利用西非海岸的贸易站，引进了埃塞俄比亚胡椒（第370页）等非洲香料，这些香料在当时的欧洲社会广为流行。在瓦斯科·达·伽马（Vasco de Gama）环游好望角并在1498年抵达印度后，葡萄牙人控制了印度和印度尼西亚的领土，得到了香料贸易的部分控制权。1492年，哥伦布为了寻找一条直接通往印度的航线而向西航行，但偶然发现了美洲。荷兰人在亚洲取代了葡萄牙人的位置，随之成立的是英国东印度公司。香料这种充满魅力的物种的起源，我们已经无法追溯，但可以确认的是种植园农业、奴隶制和殖民政府将其发扬光大的事实。

今天的国际香料贸易估值超过 30 亿英镑，中国和印度是主要出口国。随着消费者对国际美食需求及对饮食中药草和香料药用功效需求的增加，在饮食文化上，作为多样化饮食的一部分，人们对香料的兴趣也在日益增长。作为一种高价值产品，药草和香料的生产有可能为生产者带来丰厚的回报，而这些生产者往往是小农户，本书的读者也可以扮演好消费者的角色。如果读者在阅读本篇时受到启发，希望去寻找一种新的风味，我们鼓励读者在尊重公平贸易的前提下，以符合道德标准和可持续生产的方式生产有机产品。

马克·内斯比特
英国皇家植物园·邱园经济植物馆馆长

药草和香料篇

本篇赞美了药草和香料，这些植物为人们生活中或甜或咸的食品和饮料带来了火热、辛辣、清香及来自花朵和泥土等愉悦的味道，牢牢地抓住了人们的味蕾。本篇 40 幅精美的插图展示了这些受人喜爱的药草和香料的多样性。

邱园专家马克·内斯比特的文字深入浅出地介绍了这些植物所蕴含的科学、历史和文化，解释了这一场持续 2000 多年的全球贸易，是如何在这一株株小小植物的帮助下支撑起繁杂多样的国际美食的。

No1

埃塞木瓣树 埃塞俄比亚胡椒

埃塞木瓣树大量生长于非洲的常绿雨林中，其果实可制成埃塞俄比亚胡椒，是加纳地区的一种重要作物。辛辣而芳香的果实被晒干后，可以在火上熏烤后食用，或者被用作香料和药物。在西非，人们通常会将完整的埃塞俄比亚胡椒添加到汤、炖菜、酱汁和粥中。

插图来自马赛亚斯·德·欧贝尔（Matthias de L’Obel）所著《植物图鉴》（*Plantarum seu Stirpium Icones*），1581。

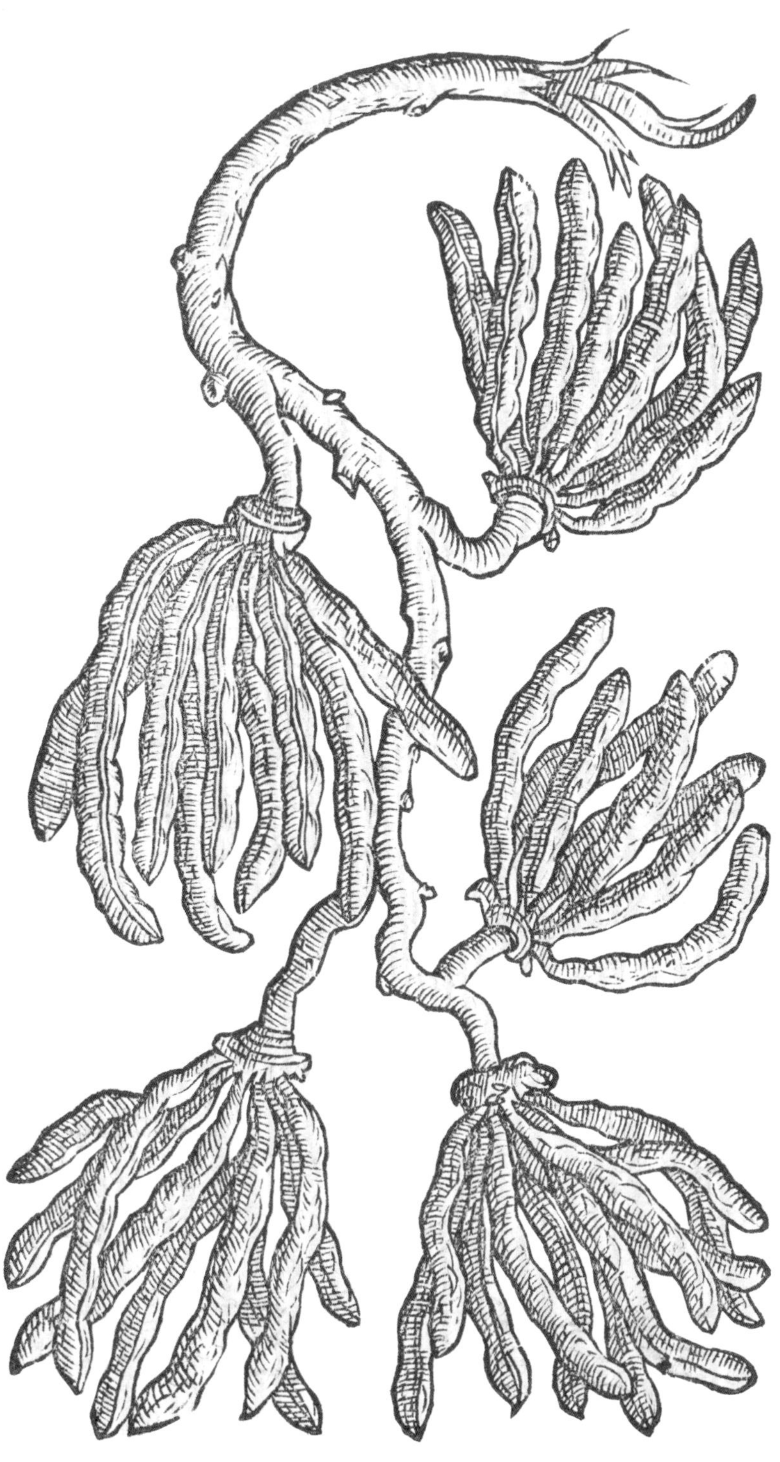

No2

母菊 德国洋甘菊

母菊是洋甘菊的两个品种之一，另一种是原产于欧洲和亚洲的罗马洋甘菊（Chamaemelum-nobile）。两者都因其抗菌和促进消化的功能作为一种茶而被广泛种植。

插图来自詹姆斯·索尔比所著《英国植物学》（*English Botany*），1866。

No3

美国薄荷 香蜂草

美国薄荷原产于北美洲东部的湿地，在欧洲被作为一种具有芳香气味的花园植物进行栽培。美国原住民对它有很长的药用历史，这也让后来的定居者将嫩叶作为茶叶使用。美国薄荷要注意与香柠檬区分，后者是格雷伯爵茶中精油的来源。

插图来自约瑟夫·普伦克所著《药用植物图谱》，1788—1812。

No4

芫荽 香菜

芫荽既是一种香料，也是一种药草。其甜美、具有芳香味道的干果不仅是印度咖喱的主要香料成分，也在欧洲菜肴中扮演着重要角色。晒干后的叶子会失去刺激性的香味，这种干叶被广泛应用于南美和东南亚的海鲜和其他菜肴中。芫荽最早被人工种植可能是在地中海地区，距今有至少5000年的历史。

插图是邱园藏品，由亚当·弗里尔（Adam Freer）委托比尔·拉尔（Beari Lall）绘制，1809。

No5

八角 八角茴香

八角树是一种茎干细长的常青树，结出的黑褐色干燥的星形果实就是八角，其产地主要集中在中国和越南。这种温暖、甜美的香味来自其植物精油中的茴香烯成分，这也是八角和茴香的主要味道来源。果实通常被制成“五香粉”，用于中国各式肉类菜肴中，而精油则被广泛出口，并被用作工业的香料和香味剂。

插图来自弗朗索瓦·皮埃尔·肖梅顿（François Pierre Chaumeton）所著《药用植物志》（*Flore Médicale Décrite*），1815—1820。

No6

罗勒

罗勒最初可能是在地中海地区种植，至今仍是地中海地区最受欢迎的佐料。在许多菜肴中使用的是罗勒的新鲜叶片，包括香蒜酱，并且也会作为番茄的佐料食用。在东南亚的菜肴中，也会使用很多其他种类的罗勒。

插图是邱园藏品，由威廉·罗克斯伯格委托的不知名印度画家绘制，1800。

No7

竹叶花椒 四川花椒

许多种类的花椒属植物果实都在被当作川椒出售。这里介绍的是竹叶花椒（*Z. armatum*）。在亚洲大部分地区都可以找到野生的竹叶花椒，它也是尼泊尔咖喱和腌制食品的一种常见食材。川椒含有山椒酚，这种化学物质可以引起一种令人愉悦的刺痛和麻木感。

插图来自《柯蒂斯植物学杂志》，由马蒂尔达·史密斯（Matilda Smith）绘制，1918。

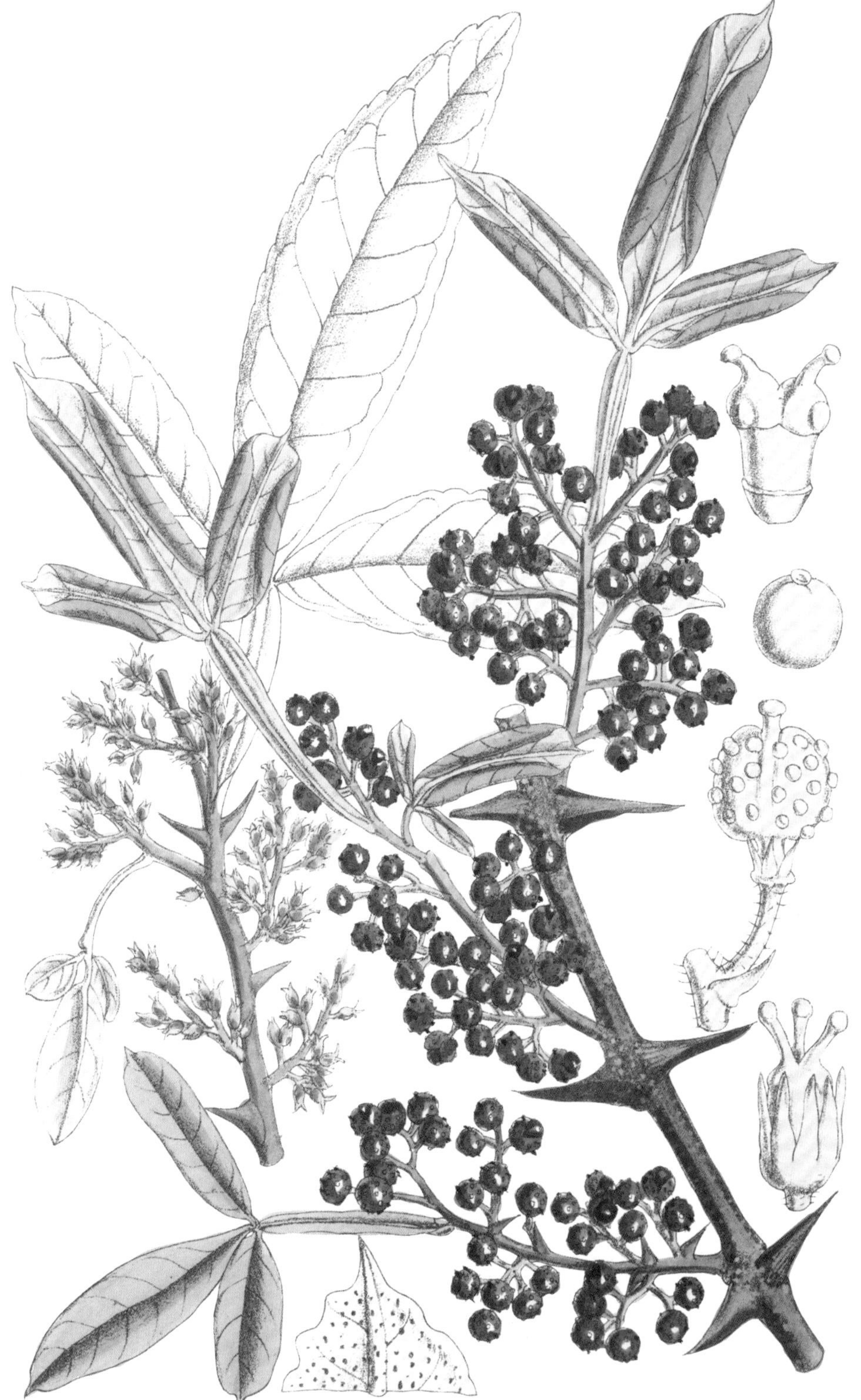

No8

茴香 怀香

茴香是一种多用途植物，佛罗伦萨茴香膨胀的茎基和叶子被当作蔬菜，而种子则是一种香料。苦茴香的种植最早或许可以追溯到南欧的古典时代，其种子常见于东欧的烹饪菜品中。甜茴香起源较晚，是至今使用最广泛的品种，其种子的茴香味道甜而芳香。

插图是邱园藏品，由威廉·罗克斯伯格委托的不知名印度画家绘制，1800。

No9

齿叶薰衣草 法国薰衣草

这是一种不太常见的薰衣草品种，原产于阿拉伯和地中海地区。由于其具有强烈的芳香气味，因此成了花园里的常客。薰衣草的叶子和花常用于沙拉和甜点中，干燥处理过的花也可用作蛋糕装饰品。

插图来自《柯蒂斯植物学杂志》，1798。

№10

香蜂花 柠檬香

香蜂花的叶子有一种新鲜的柑橘香味。它们最传统的用途是药用，但在欧洲也会用于烹饪，包括鱼类菜肴、甜点和饮料的装饰品。新鲜或干燥的叶子可用于泡茶。需要注意的是，这种植物精油特别容易挥发，在干燥处理时容易流失。

插图来自伊丽莎白·布莱克韦尔所著《布莱克韦尔的草药》一书，由其本人绘制，1750—1773。

№11

玻璃苣 星星花

玻璃苣的叶子有一种温和的黄瓜味道，闻起来有点像沙拉蔬菜。花朵可以作为饮料和沙拉的装饰品。

插图来自约瑟夫·普伦克所著《药用植物图谱》，1788—1812。

No12

南欧盐肤木 苏木

苏木果实由于含有单宁和有机酸而具有酸涩的味道。在伊朗和土耳其，人们会将深红色的苏木果干和磨碎的苏木果撒在菜肴上，这种果实也是黎凡特地区使用的混合香料成分之一。在柠檬取代酸涩的苏木之前，古罗马人也是苏木的忠实爱好者。

插图来自伊丽莎白·布莱克韦尔所著《布莱克韦尔的草药》一书，由其本人绘制，1750—1773。

No13

欧芹 法国香菜

欧芹最早是被种植在地中海地区的，在今天的欧洲和中东，它仍然是最受欢迎的烹饪用香草。在不列颠群岛，卷叶品种的欧芹因其较好的装饰性而受到人们的青睐，常被用作菜品的装饰；而在其他地方，平叶品种的欧芹通常直接加入菜肴中食用。需要注意的是，干燥后的叶子几乎没有香气。

插图来自 F. E. 科勒所著《科勒药用植物志》，1887。

No14

留兰香薄荷 薄荷

留兰香薄荷原产于地中海地区，是众多薄荷品种中最常用的一种，现在被广泛种植。它广泛用于英国的酱汁、饮料和各式食品的装饰。其清新的香味来自薄荷内的精油成分。

插图来自 F. G. 海恩（F. G. Hayne）所著《医学中常用植物表述手册》（*Getreue Darstellung und Beschreibung der in der Arzneykunde Gebräuchlichen Gewächse*），1805—1846。

No15

辣椒（长椒类） 长辣椒

墨西哥和南美洲种植辣椒的历史至少长达6000年，且种植的辣椒种类多达5种。这里我们介绍的是使用最广泛的一个品种，它既可作为蔬菜，又可作为香料使用。辣椒果实给舌头带来那种热辣、辛辣的味道来自果实体内的辣椒素。辣椒在16世纪迅速传播到欧洲和亚洲后，现今已经广泛使用于各式菜系当中。

插图是邱园藏品，由亚当·弗里尔委托不知名印度画家绘制，1810。

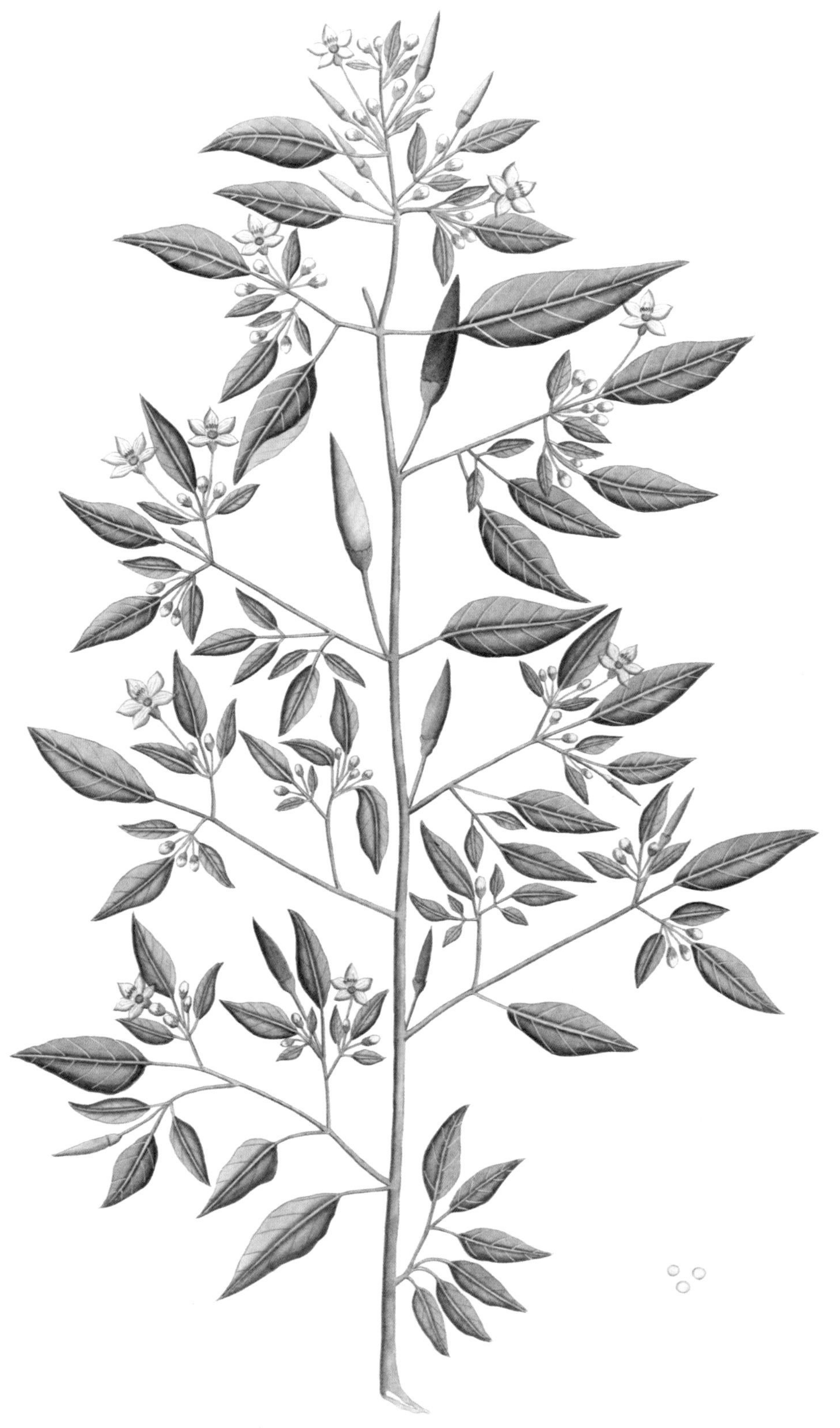

No16

鼠尾草

鼠尾草的叶子最早是在地中海地区被作为药物使用的，直到 16 世纪才发展成为一种烹饪香草。鼠尾草本身独特的芳香味道，适合于大分量的菜肴。

插图来自皮埃尔·布利亚德（Pierre Bulliard）所著《巴黎植物志》（*Flora Parisiensis*），1776。

No17

欧白芷 圆叶当归

欧白芷原产于北欧，现在在欧洲，特别是法国地区被广泛种植。当归的茎和根具有药用价值，不仅可以当作药草使用，也可以用于酒精饮料的添加剂，甜味的茎也时常用于制作蛋糕和糖果。

插图来自约瑟夫·普伦克所著《药用植物图谱》，1788—1812。

No18

百里香

百里香原产于南欧，但是如今已经在多地被广泛种植，这是众多百里香品种中使用最广泛的。芳香浓郁的叶子在欧洲和北美被用于制作咸鲜风味菜肴，并且大量用于在新奥尔良的克里奥尔式料理和法国菜系的花束装饰。

插图来自H. L. 杜哈明·杜·蒙索所著《法国乔木灌木露天种植指南》，1800—1819。

No19

姜黄

姜黄的原产地可能在印度，不过现在在亚洲热带地区和南美洲部分地区已经被广泛种植。这种来自姜科的植物与姜生一样，食用的部位都是根茎（根）。它因其辛辣的气味和能够给菜品染上黄色的染色能力而被广泛使用。在印度菜中，姜黄的使用很频繁，据说是因为它对人的健康有很多好处。

插图是邱园藏品，由威廉·罗克斯伯格委托不知名印度画家绘制，1790。

Nº18

No20

多香果 五香子

多香果的原产地是中美洲和加勒比海地区，人们会从栽培或是野生的树上采摘未成熟的果实。这种果实富含精油丁香酚，与丁香（同属一个植物家族）、胡椒和其他香料混合后会散发出强烈的芳香气味。牙买加是如今最大的多香果生产国，多香果也是用于腌制肉类的五香粉的成分之一。

插图来自米歇尔·艾蒂安·德斯科蒂兹所著《西印度群岛药用植物志》，1821—1829。

No21

毛牛至 牛至

这是牛至的一个亚种，原产于希腊和土耳其地区，有几个品种具有类似牛至那种芳香而温暖的味道。其叶子常见于地中海食品，如比萨中。

插图来自邱园藏品中玛丽·梅特兰（Mary Maitland）（乔治·格伦夫人）藏品，1823—1832。

No22

锡兰肉桂 肉桂

肉桂并不是单指一种植物，有很多相关物种的干燥内皮都可以用来制作肉桂。图中这个品种的肉桂口感较甜，而另一种肉桂（*C. cassia*）则带有一种苦味。斯里兰卡是野生肉桂的故乡，也是如今栽培肉桂的最大出口国。这种香料有一种芳香的甜味，使用方法一般是整株或是磨成粉末状使用。南亚的咖喱及欧洲的烘焙食品和糖果中时常能见到它的身影。

插图是邱园藏品，由威廉·罗克斯伯格委托不知名印度画家绘制，1790。

No23

迷迭香 艾菊

迷迭香的叶子，无论是新鲜的还是干的，都是地中海地区流行的草药。迷迭香很适合搭配烤肉或是蔬菜，但如果使用过量，其过分芳香的味道会让人难以接受。

插图来自伊丽莎白·布莱克韦尔所著《奇特草药》一书，由其本人绘制，1737—1739。

No24

孜然芹 小茴香

孜然可能是在史前时代的地中海东部沿岸地区开始被种植的。这种一年生小型植物的果实具有强烈的香味，而且在烤制时香味更加浓烈。如今它已经被传播至世界各地，特别是被使用在印度菜，以及在南美的混合香料中。

插图来自 F. G. 海恩所著《医学中常用植物表述手册》，1805—1846。

No25

调料九里香 咖喱树

调料九里香原产于亚洲的温带地区，其植株较为矮小。这种植物的叶片有强烈的芳香味道，一般使用时会选择新鲜的叶片。调料九里香是印度南部和斯里兰卡地区咖喱菜肴的重要组成部分。不过在使用前，人们会先简单地炸一下以激发出它的香味。

插图是邱园藏品，由威廉·罗克斯伯格委托不知名印度画家绘制，1800。

No26

丁香

丁香原产于印度尼西亚的马鲁古群岛（摩鹿加群岛），是一种常青树的花蕾。丁香的精油丁香酚也存在于肉桂和五香粉中，正是这种物质使丁香具有强烈的芳香和温暖的味道。丁香在中国用于烹饪至少有2500年的历史；在欧洲也同样会使用丁香，用途包括作为腌制香料和节日食品的原料，如圣诞布丁。

插图来自玛丽安娜·诺斯遗赠给邱园的玛丽安娜·诺斯藏品，1828。

No27

胡卢巴 葫芦巴

胡卢巴原产地是地中海东部和其沿岸地区，种植历史至少有5000年。胡卢巴最为人所知的是其棕黄色的小种子，但在印度和其他国家，其叶子也常被用作蔬菜食用。印度的咖喱中往往会添加经过油炸后的种子，这种种子在油炸之后会散发出一种苦涩、芳香的味道。我们在图坦卡蒙的坟墓中也发现了胡卢巴和芫荽的种子，经过检测，至少可以追溯到大约3300年前。

插图来自约翰·西布索普（John Sibthorp）所著《希腊植物志》（*Flora Graecal*），由费迪南德·鲍尔（Ferdinand Bauer）绘制，1806—1840。

No28

姜 生姜

姜的原产地可能是印度，但现在已经被广泛种植于整个湿润的热带地区。姜的根茎（根）有一种辛辣火热的味道，在亚洲地区的烹饪中，人们喜欢使用新鲜的姜。在罗马时代，姜在很长一段时间以干货形式出口至欧洲。自中世纪以来，在欧洲菜肴中，姜粉一直被用于烘焙食品，如姜饼。

插图是邱园藏品，由威廉·罗克斯伯格委托不知名印度画家绘制，1800。

No29

欧洲刺柏 杜松

杜松的锥型浆果中含有蒎烯和侧柏酮，这种精油成分让杜松闻起来芳香而甜美。欧洲是生产和使用杜松的主要地区，杜松浆果在野生的植株上需要3年时间才能成熟，并且成熟后是通过手工采集的。它的用途包括肉类菜品的烹饪，以及作为杜松子酒的重要成分，波兰北部制造的低度数啤酒中也会使用杜松。

插图来自邱园藏品中玛丽·安妮·斯特宾（Mary Anne Stebbing）藏品，1897。

№30

香荚兰 香草

香荚兰原产于中美洲和南美洲北部，是兰科藤本植物的成熟果实。收获后，荚果经过焯水、发酵和干燥后会逐渐散发出甜美、芳香的气味。如今的科摩罗、马达加斯加和印度尼西亚是香草的主要出口国，但在非原产地种植的时候，香草必须进行人工授粉。

插图来自C. A. 勒梅尔（C. A. Lemaire）所著《环球园艺》（*L'horticulteur Universel*），1839—1845。

No31

箭叶橙 泰国青柠、青柠

箭叶橙的叶子有一个带翅膀的柄（单身复叶），其大小和形状与叶子相似，使整片叶子呈现出一个不寻常的“8”字形。箭叶橙的叶片带有强烈的柠檬香味，在泰国及其附近的国家多用于煮汤和炒菜。虽然果实不能食用，但果皮可以磨碎供烹饪使用。

插图来自 H. L. 杜哈明 · 杜 · 蒙索所著《法国乔木灌木露天种植指南》，1800—1819。

Nº32

番红花 藏红花

番红花的橙红色花柱和柱头（雌性部分）是由人工采摘的，这一劳动密集型的采收方式使其成为所有香料中最昂贵的一种。番红花最早是被种植在克里特岛的，那里的克诺索斯壁画展示猴子正在采摘番红花的场面，这一场景可以追溯到公元前1700年。作为香料使用的番红花用量很小，呈现出深黄色，并且有一种刺激性的辛辣味道。

推测插图是邱园藏品中约翰·福布斯·罗伊尔（John Forbes Royle）委托维什努珀索（Vishnupersaud）绘制的画作，1828。

No33

肉豆蔻 肉果

有两种香料来自肉豆蔻树的果实：肉豆蔻，即坚硬的棕色种子；肉豆蔻皮，即包裹着种子的革质红色假种皮。这两种香料都具有肉豆蔻特有的芳香。与丁香一样，肉豆蔻树原产于印度尼西亚的马鲁古群岛（摩鹿加群岛），那里至今仍然是最大的肉豆蔻出口地。肉豆蔻应在使用前才磨碎，因为磨碎后粉末会迅速失去香气。

插图来自查尔斯·莫伦（Charles Morren）所著《比利时园艺》，1856。

No34

芝麻 乌麻

芝麻是一种一年生作物，大约在 5000 年前于印度首次被种植，现在全世界气候温暖的地区均有种植。芝麻的种子富含油脂，闻起来有一种坚果的味道，通过烘烤后味道会更加浓郁。芝麻作为食物广泛用于地中海东部的哈瓦和塔希尼，印度和中国的食用油中，以及日本料理中常常直接使用白芝麻或黑芝麻。

插图是邱园藏品，由威廉·罗克斯伯格委托不知名印度画家绘制，1800。

No35

北葱 葱

野生葱在欧洲有很长的使用历史，大约在500年前开始在这里被种植了。人们大多数时候会使用其新鲜的叶子，闻起来有一种精致的洋葱味道。叶子也可以用于调味品或作为装饰品。相关物种在中国也有类似的用途。

插图来自詹姆斯·索尔比所著《英国植物学》，1869。

No36

胡椒

胡椒是一种木质攀缘植物的果实，原产于印度南部的格特山，具有广泛且悠久的种植历史。胡椒是香料贸易的最重要产品，于罗马时代传播到欧洲地区，自中世纪以来在食品中大量使用。未成熟的胡椒称为绿胡椒，未成熟但完整的称为黑胡椒，白胡椒是在成熟时采摘，并且已经去除果皮的。

插图是邱园藏品，由威廉·罗克斯伯格委托不知名印度画家绘制，1800。

No37

辣根 马萝卜

辣根可能首次种植于中世纪的地中海东部。辣根的根部含有与芥末有关的化学物质，因此具有和芥末类似的强烈刺激性气味和味道。在欧洲，辣根通常被磨碎或作为调味品与咸菜一起食用。

插图来自简·科普斯所著《巴达维亚植物志》，1822。

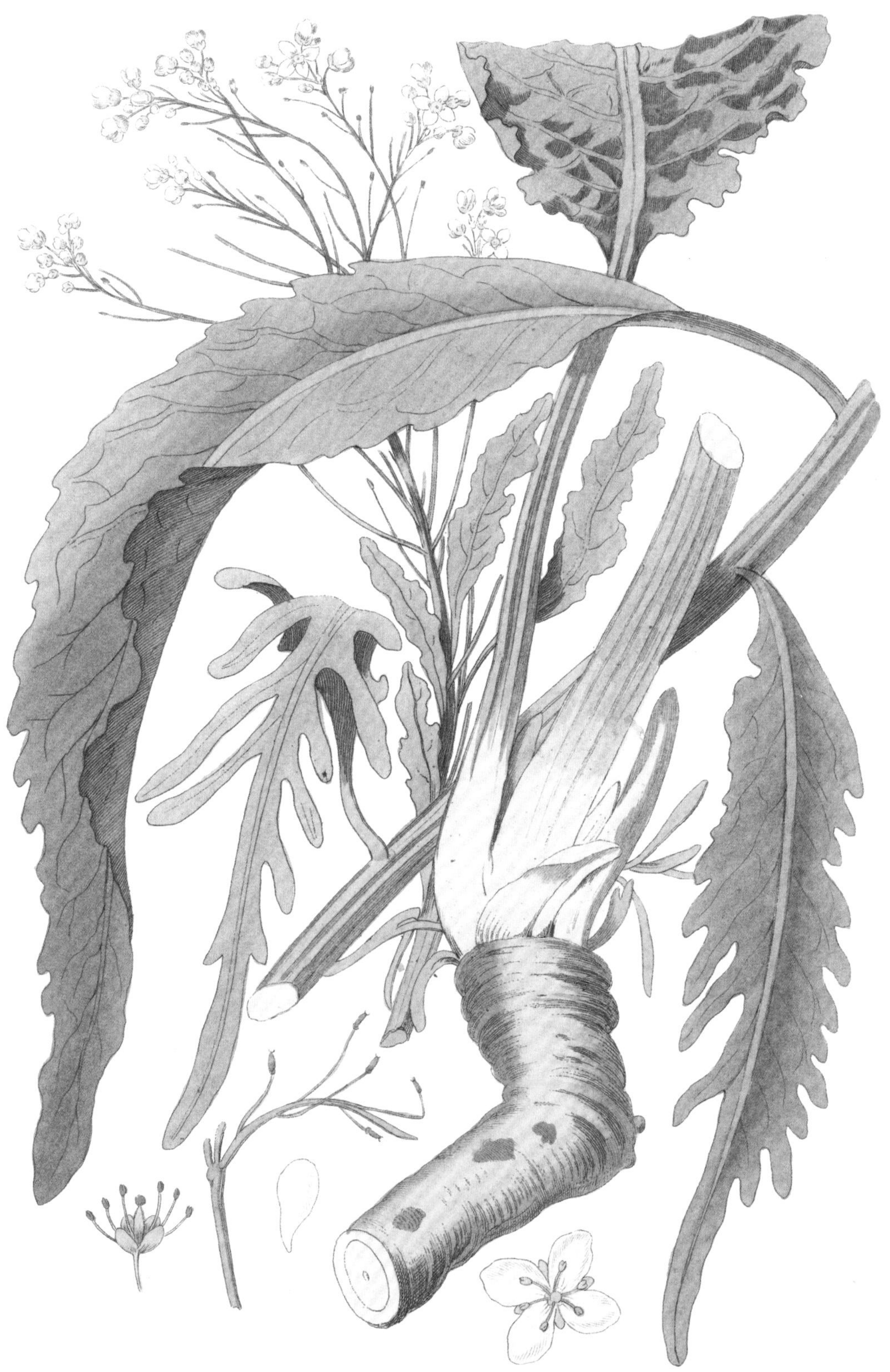

No38

洋甘草 甘草

野生的甘草生于地中海东部，在欧洲种植已有约500年的历史。甘草的根部含有甘草素，其甜度是糖的50倍。早在4000年前的古代美索不达米亚，甘草就被用作药物和甜点了。在今天，甘草依然作为一种甜味剂在全世界范围内使用，但过度食用甘草会使血压上升到危险水平。不过，甘草可以用于医疗，其作用包括治疗咳嗽。

插图来自弗里索瓦·皮埃尔·肖梅顿所著《药用植物志》，1815—1820。

No39

紫苏 牛排草

紫苏是薄荷科的植物，其具有芳香气味的叶子常被用于东南亚菜肴中的装饰品。在日本，红色叶片的紫苏被用来给腌制食品上色，如腌生姜。

插图来自《柯蒂斯植物学杂志》一书，由J. 柯蒂斯绘制，1823。

No40

酸角 罗望子

罗望子树原产于非洲热带地区，现如今在整个热带地区均有种植。罗望子的果肉呈深色，尝起来有酸味并且具有果香。罗望子广泛用于南印度菜和东南亚菜中，并在加勒比海和南美洲成为一种口感清爽的饮料的重要原料之一。

推测插图是邱园藏品中罗伯特·怀特（Robert Wight）委托龙吉亚（Rungiah）绘制的画作，1828。

资料来源

ILLUSTRATION SOURCES

书本和期刊

本草图谱篇

岩崎康恩和岩崎信正于1828—1844年出版的92卷《本草图谱》（编号为No.5～No.96，原版1～4卷已经失传）

1. 草药

（1）山地草药　卷5～8

（2）芳香草药　卷9～12

（3）沼地草药　卷13～20

（4）有毒草药　卷21～24

（5）匍匐类草药　卷25～32

（6）水生草药　卷33～34

（7）岩生草药　卷35～37

（8）地衣类　卷37～38

（9）杂项草药　卷39

2. 谷物

（1）大麻、小麦、大米　卷40

（2）黍类　卷41～42

（3）豆类　卷43

（4）酵母　卷44

3. 蔬菜

（1）具有强烈气味的香料　卷45～47

（2）软质蔬菜　卷48～52

（3）瓜类　卷52～53

（4）水性蔬菜　卷54

（5）芝麻和坚果　卷55～60

4. 水果
（1）五种水果（梅、杏、梅、桃、栗） 卷 61 ～ 62
（2）山地水果　卷 63 ～ 66
（3）外国水果　卷 67 ～ 69
（4）美味的水果　卷 70
（5）瓜类　卷 71
（6）多汁水果　卷 72 ～ 76
5. 树木
（1）芳香的树木　卷 77 ～ 81
（2）高大乔木　卷 82 ～ 86
（3）灌木　卷 87 ～ 92
（4）一年生灌木　卷 93
（5）竹子　卷 94 ～ 95
（6）织物等各类物品　卷 96

真菌篇

Curtis, William. (1775—1798). *Flora Londinensis.* London.

Hoffmann, G. F. (1790—1801). *Descriptio et adumbratio plantarum e classe cryptogamica Linnaei quae lichenes dicuntur*. 3 volumes. Apud S. L. Crusium, Leipzig.

Krombholz, J. V. (1831—1846). *Naturgetreue abbildungen und beschreibungen der essbaren, schädlichen und verdächtigen schwämme.* J.G. Calve'schen buchhandlung, Prague.

Sowerby, James. (1795—1815). *Coloured figures of English fungi or mushrooms.* 3 volumes. J. Davis, London.

节庆植物篇

Blackwell, E. (1737). *A Curious Herbal*. Volume Ⅰ J. Nourse, London.

Blackwell, E. (1750—1773). *Herbarium Blackwellianum*. Volume Ⅳ. Typis Io. Iosephi Freischmanni, Nuremberg.

Brown, J. E. (1882—1893). *The Forest Flora of South Australia*. E. Spiller, Adelaide.

Carrière, E. A. (1890). Bégonias tubéreux multiflores. *Revue Horticole*. Librairie Agricole de la Maison Rustique, Paris.

Curtis, J. (1823). *British Entomology*. Volume Ⅵ. London.

Curtis, W. (1775—1798). *Flora Londinensis*. Volume Ⅵ. London.

Descourtilz, M. É. (1821—1829). *Flore Pittoresque et Médicale des Antilles*. Volume Ⅲ, Ⅶ & Ⅷ. Chez Corsnier, Paris.

Duhamel du Monceau, H. L. (1755). *Traité des Arbres et Arbustes qui se Cultivent en France en Pleine Terre*. Volume Ⅰ. H. L. Guerin & L. F. Delatour, Paris.

Duhamel du Monceau, H. L. (1800—1819). *Traité des Arbres et Arbustes que l'on Cultive en France en Pleine Terre*. Volume Ⅲ & Ⅳ. Didot et. al., Paris.

Green, T. (1816). *The Universal Herbal*. Volume Ⅰ. Caxton Press, Liverpool.

Hooker, W. J. (1801). *Amomum Granum Paradisi. Curtis's Botanical Magazine*. Volume 77, t. 4603.

Jacquin, N. J. von (1780—1781). *Selectarum Stirpium Americanarum Historia*. N. J. von Jacquin, Vindobona.

Köhler, F. E. (1887). *Köhler's Medizinal-Pflanzen*. Volume Ⅰ, Ⅱ & Ⅲ. F. E. Köhler, Gera-Untermhaus.

Kops, J. (1800—1846). *Flora Batava*. J. C. Sepp en Zoon, Amsterdam.

Maund, B. and Henslow, J. S. (1838). *The Botanist*. Volume Ⅱ. R. Groombridge, London.

Oeder, G. C. (1761). *Flora Danica*. Copenhagen.

Oudemans, C. A. J. A. (1865). *Neerland's Plantentuin*. Gebr. van der Post, Utrecht.

Poiret, J. L. M. (1819). *Leçons de Flore*. Volume Ⅱ. C. L. F. Pancoucke, Paris.

Poiteau, P. A. (1846). *Pomologie Française*. Volume Ⅳ. Langlois et Leclercq, Paris.

Roxburgh, W. (1820—1824). *Flora Indica*. Volume Ⅱ. Mission Press, Serampore.

Step, E. (1896). *Favourite Flowers of Garden and Greenhouse*. Volume Ⅱ. F. Warne & Co., London, New York.

Targioni Tozzetti, A. (1825). *Raccolta di Fiori Frutti ed Agrumi*. Florence.

Thomé, O. W. (1885). *Flora von Deutschland Österreich und der Schweiz*. Volume Ⅲ. F. E. Köhler, Gera-Untermhaus.

Van Houtte, L. (1873). *Zea mays. Flore des serres et des jardin de l'Europe*. Volume 19, t. 922.

Yokohama Ueki Kabushiki Kaisha. (1907). *Catalogue of the Yokohama Nursery Co., Ltd.* Yokohama Nursery Co., Yokohama.

水果篇

Andre, O. (1900). *Persea americana. Revue Horticole*. Volume 72.

André, O. and Bois, D. (1910). *Prunus armeniaca. Revue Horticole.* Volume 82.

Blackwell, E. (1737). *A Curious Herbal.* Volume Ⅱ. J. Nourse, London.

Brookshaw, G. (1817). *Pomona Britannica.* Bensley and Son, London.

Carrière, E. A. (1878). *Diospyros lycopersicon.* Revue Horticole. Volume 50.

Descourtilz, M. É. (1821—1829). *Flore Pittoresque et Médicale des Antilles.* Volume Ⅷ. Chez Corsnier, Paris.

Hooker, J. D. (1898). *Feijoa sellowiana. Curtis's Botanical Magazine.* Volume 124, t. 7620.

McIntosh, C. (1829). *Flora and Pomona.* Thomas Kelly, London.

Mordant de Launay, J. C. M. (1816—1827). *Herbier Général de l'Amateur.* Volume Ⅵ and Ⅶ. Libraire Audot, Paris.

Morren, C. (1853). *Prunus cerasus. La Belgique Horticole.* Volume 3, p. 65.

Morren, C. (1856). *Mespilus germanica. La Belgique Horticole.* Volume 6, t. 63.

Plenck, J. J. R. von (1788—1812). *Icones Plantarum Medicinalium.* Vienna.

Poiteau, A. (1846). *Pomologie Française.* Volume Ⅱ and Ⅳ. Langlois and Leclercq, Paris.

Regel, E.A. von (1867). *Ribes nigrum, Ribes nigrum. Gartenflora.* Volume 16, t. 16.

Regel, E.A. von (1871). *Oxycoccus macrocarpus.* Gartenflora. Volume 20, t. 673.

Risso, A., Poiteau. A. and Du Breuil, A. (1782). *Histoire et Culture des Orangers.* Henri Plon and Co., Paris.

Sims, J. (1818). *Passiflora edulis. Curtis's Botanical Magazine*. Volume 45, t. 1989.

Sterler, A. and Mayerhoffer, J. N. (1820). *Europa's Medicinische Flora.* J. H. Mayerhoffer, Munich.

Thomé, O. W. (1886—1889). *Flora von Deutschland Österreich und der Schweiz.* Volume Ⅱ. F. E. Köhler, Gera-Untermhaus.

Trew, C. J. (1750—1773). *Plantae Selectae.* Volume Ⅶ. Nuremberg.

Tussac, F. R. de (1808—1827). *Flore des Antilles.* Apud auctorem et F. Schoell, Paris.

Van Houtte, L. (1854). *Physalis alkekengi. Flore des serres et des jardin de l'Europe.* Volume 10, t. 1010.

Van Houtte, L. (1854). *Momordica charantia. Flore des serres et des jardin de l'Europe.* Volume 10, t. 1047.

Van Nooten, B. H. (1863). *Fleurs, Fruits et Feuillages Choisis de la Flore et de la Pomone de L'Ile de Java.* Emile Tarlier, Brussels.

Yonge, C. M. (1863). *The Instructive Picture Book or Lessons from the Vegetable World.* Edmonston and Douglas, Edinburgh.

药草和香料篇

Blackwell, E. (1737—1739). *A Curious Herbal, containing five hundred cuts, of the most useful plants, which are now used in the practice of physick.* 2 volumes. J. Nourse, London.

Blackwell, E. (1750—1773). *Herbarium Blackwellianum.* 6 volumes. Typis Io. Iosephi Freischmanni, Nuremberg.

Bulliard, P. (1776—1783). *Flora Parisiensis, ou, Descriptions et Figures des Plantes qui Croissent aux Environs de Paris.* 6 volumes. P. Fr. Didot le Jeune, Libraire, quai des Augustins, Paris.

Chaumeton, F. P. (1815—1820). *Flore Médicale Décrite.* 7 volumes, Panckoucke, Paris.

Descourtilz, M. É. (1821—1829). *Flore Pittoresque et Médicale des Antilles.* 8 volumes. Chez Corsnier, Paris.

Curtis, W. et al. (1798). *Curtis's Botanical Magazine*. Volume 12, t. 400.

Duhamel du Monceau, H. L. (1800—1819). *Traité des Arbres et Arbustes que l'on Cultive en France en Pleine Terre.* 7 volumes. Didot et. al., Paris.

Hayne, F. G. (1805—1846). *Getreue Darstellung und Beschreibung der in der*

Arzneykunde Gebräuchlichen Gewächse, Auf Kosten des Verfassers, Berlin.

Köhler, F. E (1887). *Medizinal-Pflanzen: in naturgetreuen Abbildungen mit kurz erläuterndem.* 2 volumes. F.E. Köhler, Gera-Untermhaus.

Kops, J. (1800—1846). *Flora Batava.* J. C. Sepp en Zoon, Amsterdam.

Lemaire, C. L. (1839—1845). *L'horticulteur universel : journal général des amateurs et jardiniers présentant l'analyse raisonée des travaux horticoles français et étrangers.* 7 volumes. H. Cousin, Paris.

L'Obel, M. de, Dodoens, R., Clusius, C. (1581). *Plantarum seu Stirpium Icones.* 2 volumes. C. Plantini, Antwerp.

Morren, C. (1851—1885). *La Belgique Horticole : Annales de Botanique et d'Horticulture.* La Direction Générale, Liége.

Plenck, J. J. R. von. (1788—1812). *Icones Plantarum Medicinalium.* 8 volumes. Vienna.

Prain, D. (1918). *Curtis's Botanical Magazine.* Volume 144, t. 8754.

Rumphius, G. E. (1750). *Herbarium Amboinense ... in Latinum sermonem Versa Cura et Studio J. Burmanni.* 6 volumes. Apud Meinardum Uytwerf, Amsterdam.

Sibthorp, J. (1806—1840). *Flora Graeca.* 12 volumes. Richardi Taylor et socii, London.

Sims, J. (1823). *Curtis's Botanical Magazine.* Volume 50, t. 2395.

Sowerby, J. E. (1863—1886). *English Botany, or, Coloured Figures of British Plants.* 12 volumes. Hardwicke, London.

Spach, Édouard. (1834—1848). *Histoire Naturelle des Végétaux.* 14 volumes. Librairie Encyclopédique de Roret, Paris.

真菌篇

埃尔茜·韦克菲尔德（Elsie Wakefield，1886—1972）。她于1910—1951年创作的图纸、画作、笔记和著作，均由邱园图书和档案馆收藏。

节庆植物篇

玛丽安娜·诺斯（Marianne North，1830—1890）。其藏品包括由诺斯绘制的800多幅纸上油画，展示了自然环境中的植物，她在1871—1885年游览了五大洲的16个国家，记录了旅行中所遇到的植物群。她主要的收藏品在邱园的玛丽安娜·诺斯画廊展出，该画廊中的藏品由诺斯遗赠，根据她的指示建造，于1882年首次开放。

水果篇

玛丽安娜·诺斯：介绍同“节庆植物篇”。

药草和香料篇

印度植物艺术藏品——传统上被称为公司画派（或Kampani kalam），由东印度公司的雇员在18世纪和19世纪委托基本不知名的印度艺术家创作，其风格兼具多样性和美感。1879年，当东印度公司的博物馆和图书馆被英国政府的印度办事处继承后，大部分藏品被交给了邱园。本书中所包含的藏品有：

亚当·弗里尔（Adam Freer）藏品：在孟加拉绘制了近400幅的图画，最早的作品是1793年的，但是其中一半以上的画作没有签名，但约有150幅可以归由以下七位艺术家所创作：穆斯林·莫格尔-伊恩（Muslims Mogul-Ian）、米尔扎-伊恩（Mirza-Ian），以及剩下五位名字中都包含拉尔（Lall）印度艺术家。

玛丽·梅特兰（Mary Maitland，乔治·格伦夫人）藏品：该系列藏品主要是印度植物的图画，年份跨度为1823—1832年，主要由印度艺术家绘制。其中还有一些由玛丽·梅特兰绘制，她的丈夫乔治·格伦是萨哈伦布尔植物园的第一任园长（1819—1823）。这些藏品于1904年由她的儿子们捐赠给邱园。

威廉·罗克斯伯格（William Roxburgh）“彩色图谱”藏品：这是两套由印度艺术家绘制的2500幅图画中的一套，这些图画是1776—1813年在科罗曼德海岸和加尔各答植物园创作的。另一套复制品由位于加尔各答的阿查里亚·贾加迪什·钱德拉·博斯印度植物园的印度植物调查所中央国家标本馆保管。

约翰·福布斯·罗伊尔（John Forbes Royle）藏品：因其《喜马拉雅山脉植物学插图》（1833—1840）而闻名。著名植物学家维什努珀索（Vishnupersaud）为罗伊尔绘制了书中的插图，可以说是有史以来所有印度植物插图中最漂亮的。

罗伯特·怀特（Robert Wight）藏品：由印度艺术家朗吉亚（Rungiah）和他的学生（Govindoo）为怀特出版的作品，包括

《尼尔格里植物选集》(*Spicilegium Neilgherrense*，1846—1851)和《东印度植物志》(*Icones Plantarum Indiae Orientalis*，1838—1853)，其中绘制了主要来自印度南部的精美植物图。

玛丽安娜·诺斯：介绍同“节庆植物篇”。

玛丽·安妮·斯特宾(Mary Anne Stebbing，1845—1927)：玛丽作为植物学家和插图画家，是植物学家和昆虫学家威廉·威尔逊·桑德斯(William Wilson Saunders)的女儿，动物学家托马斯·罗斯科·里德·斯特宾(Thomas Roscoe Rede Stebbing)的妻子。她是第一批进入伦敦林奈学会的女性之一。她绘制的其中一套插图由 E. C. 华莱士(E. C. Wallace)先生于 1946 年 12 月赠送给邱园。

致谢 ACKNOWLEDGEMENTS

邱园出版社感谢以下人员对本出版物的帮助。

本草图谱篇

邱园植物艺术家山中正美;《柯蒂斯植物学杂志》编辑马丁·里克斯；植物学和园艺学专家菲利普·克里布（Phillip Cribb）、托尼·柯卡姆（Tony Kirkham）、戴维·马伯利（David Mabberley），舘林正也（Masaya Tatebayashi）、吉恩·穆拉塔（Jin Murata）、史蒂夫·伦沃兹（Steve Renvoize）、戴维·辛普森（David Simpson）；图书、艺术和档案馆的菲奥娜·安斯沃思（Fiona Ainsworth）、克雷格·布拉夫（Craig Brough）和安妮·马歇尔（Anne Marshall）；进行数字化工作的保罗·利特尔（Paul Little）。

真菌篇

邱园真菌馆收藏馆长李·戴维斯（Lee Davies）；真菌学家保罗·坎农（Paul Cannon）、图拉·尼斯卡宁（Tuula Niskanen）；邱园图书和档案馆的菲奥娜·安斯沃思、克雷格·布拉夫、朱莉娅·巴克利（Julia Buckley）、凯特·哈林顿（Kat Harrington）、阿维德·基施鲍姆（Arved Kirschbaum）、安妮·马歇尔、琳恩·帕克和基里·罗斯-琼斯（Kiri Ross-Jones）；进行数字化工作的保罗·利特尔。

节庆植物篇

邱园图书馆、艺术和档案馆的菲奥娜·安斯沃思、克雷格·布拉夫、罗茜·埃迪斯福德（Rosie Eddisford）、阿维德·基施鲍姆和安妮·马歇尔；进行数字化工作的保罗·利特尔；感谢亨里克·鲍尔斯利（Henrik Balslev）、莉-安妮 布洛（Leigh-Anne Bullough）、卡斯珀·蔡特（Caspar Chater）、佩·丘（Pei Chu）、比特丽斯·丘特（Beatrice Ciută）、拉杜·科斯特（Radu Costel）、玛丽娜·伊科诺穆（Marina Economou）、艾斯娅·法里（Aisyah Faruk）、沙希安·加赞法尔（Shahina Ghazanfar）、卓娅·卡恩（Zoya Khan）、阿拉斯代尔·尼斯比特（Alasdair Nisbet）、阿维盖尔·奥赫特（Avigail Ochert）、皮亚·拉金德拉（Piya Rajendra）、茜塔·雷迪（Sita Reddy）、莉拉·雷德帕思（Leila Redpath）、珍尼弗·特鲁拉芙（Jennifer Truelove）、蒂姆·乌特里奇（Tim Utteridge）和萨斯基亚·沃萨克（Saskia Wolsak）为本书提供收录何种植物和节日的建议。

水果篇

邱园图书和档案馆的菲奥娜·安斯沃思、克雷格·布拉夫、罗茜·埃迪斯福德和安妮·马歇尔；进行数字化工作的保罗·利特尔。

药草和香料篇

伊丽莎白·当西（Elizabeth Dauncy）、亨利·诺尔蒂（Henry Noltie）、金·沃克（Kim Walker）；图书和档案馆的菲奥娜·安斯沃思、克雷格·布拉夫、朱莉娅·巴克利、安妮·马歇尔和琳恩·帕克；进行数字化工作的保罗·利特尔。

拓展阅读 FURTHER READING

本草图谱篇

Abe, Naoko. (2019). *'Cherry' Ingram: The Englishman who Saved Japan's Blossoms*. Chatto & Windus, London.

Casserley, Nancy Broadbent. (2013). *Washi: The Art of Japanese Paper.* Royal Botanic Gardens, Kew.

Kashioka, Seizo and Ogisu, Mikinori. (1997). *Illustrated History and Principle of the Traditional Floriculture in Japan*. Seizo Kashioka in collaboration with Kansai Tech Corporation, Osaka.

Kew Pocketbooks. (2020). *Japanese Plants*. Royal Botanic Gardens, Kew.

Kirby, Stephen, Doi, Toshikazu, Otsuka, Toru. (2018). *Rankafu Orchid Print Album: Masterpieces of Japanese Woodblock Prints of Orchids*. Royal Botanic Gardens, Kew.

Siebold, Philipp Franz von, Miquel, Friedrich Anton Wilhelm, Zuccarini, Joseph Gerhard. (1835—1870). *Flora Japonica.* Lugduni Batavorum.

Tajima, Kazuhiko (Art Director). (2019). *Flowers of Edo: A Guide to Classical Japanese Flowers.* PIE International, Tokyo.

Tanaka, Junko, Iwatsu, Tokio, Murata, Hiroko, Murata, Jin and Yamanaka, Masumi. (2019). *Honzō Zufu*, and how a copy came to be in the Kew Library. *Curtis's Botanical Magazine.* Volume 36/1.

Thunberg, Carl Peter. (1975). *Flora Japonica: Sistens Plantas Insularum Japonicarum*. Reprint of 1784 edition. Oriole Editions, New York.

Thunberg, Carl Peter, et al. (1994). *C. P. Thunberg's Drawings of Japanese Plants: Icones Plantarum Japonicarum Thunbergii.* Maruzen Co. Ltd, Tokyo.

Watt, Alistair. (2017). *Robert Fortune: A Plant Hunter in the Orient*. Royal Botanic Gardens, Kew.

Willis, Kathy and Fry, Carolyn. (2014). *Plants from Roots to Riches*. John Murray, London in association with the Royal Botanic Gardens, Kew.

Yamanaka, Masumi and Rix, Martyn. (2017). *Flora Japonica*, revised edition. Royal Botanic Gardens, Kew.

真菌篇

Gaya, Ester *et al.* (2020). *Fungarium*. Big Picture Press, London in association with the Royal Botanic Gardens, Kew.

Kendrick, Bryce. (2017). *The Fifth Kingdom: An Introduction to Mycology*, 4th edition, Hackett Publishing Company Inc, Indianapolis and Cambridge, MA.

Kibby, Geoffrey. (2017—2021). *Mushrooms and Toadstools of Britain & Europe*, 3rd edition. 3 volumes. Geoffrey Kibby.

Kirk, P. M., *et al.* (2008). *Dictionary of the Fungi*, 10th edition. CABI Publishing, Wallingford.

Phillips, Roger. (2006). *Mushrooms*. Macmillan, London

Roberts, Peter, J. & Evans, Shelley. (2021). *Fungi: A Species Guide. Gems of Nature* series. Ivy Press, London.

Sheldrake, Merlin. (2020). *Entangled Life: How Fungi Make Our Worlds, Change Our Minds and Shape Our Futures*. The Bodley Head, London.

Spooner, Brian M., Roberts, Peter J. (2005). Fungi. *New Naturalist Library* series. Harper Collins, London.

节庆植物篇

Bynum, H. and Bynum, W. F. (2014). *Remarkable Plants That Shape our World*. Thames & Hudson, London in association with the Royal Botanic Gardens, Kew.

De Cleene, M. and M. C. Lejeune. (2003). *Compendium of Symbolic and Ritual Plants in Europe*. Man and Culture, Ghent.

Drori, J. (2020). *Around the World in 80 Plants*. Laurence King Publishing, London.

Giesecke, A. (2014). *The Mythology of Plants: Botanical Lore from Ancient Greece and Rome*. J. Paul Getty Museum, Los Angeles.

Henderson, H. (2005). *Holidays, Festivals, and Celebrations of the World Dictionary*, third edition. Omnigraphics Inc., Detroit.

Hutton, R. (1996). *The Stations of the Sun: A History of the Ritual Year in Britain*. Oxford University Press, Oxford.

Majupuria, T. C. and Joshi, D. P. (2009). *Religious and Useful Plants of Nepal and India*. Rohit Kumar, Kathmandu.

Mills, C. (2016). *The Botanical Treasury*. Welbeck Publishing, London in association with the Royal Botanic Gardens, Kew.

North, M. and Mills, C. (2018). *Marianne North: The Kew Collection*. Royal Botanic Gardens, Kew.

Payne, M. (2016). *Marianne North: A Very Intrepid Painter*, revised edition. Royal Botanic Gardens, Kew.

Roy, C. (2005). *Traditional Festivals: A Multicultural Encyclopedia*. ABC-CLIO, Santa Barbara.

Vickery, R. (2019). *Vickery's Folk Flora: An A-Z of the Folklore and Uses of British and Irish Plants*. Weidenfeld & Nicolson, London.

Watts, D. (2007). *Dictionary of Plant Lore*. Elsevier, Amsterdam.

水果篇

Baker, Harry. (1998). *The Fruit Garden Displayed* 8th edition, revised. The Royal Horticultural Society, London.

Fry, Carolyn. (2013). *Kew's Global Kitchen Cookbook.* Royal Botanic Gardens, Kew.

Linford, Jenny. (2022). *The Kew Gardens Cookbook.* Royal Botanic Gardens, Kew.

Maguire, Kay. (2019). *The Kew Gardener's Guide to Growing Fruit.* White Lion Publishing, London in association with the Royal Botanic Gardens, Kew.

Mills, Christopher. (2016). *The Botanical Treasury.* Welbeck Publishing, London in association with the Royal Botanic Gardens, Kew.

North, Marianne and Mills, Christopher. (2018). *Marianne North: The Kew Collection*. Royal Botanic Gardens, Kew.

Payne, Michelle. (2016). *Marianne North: A Very Intrepid Painter,* revised edition. Royal Botanic Gardens, Kew.

Pike, Ben. (2011). *The Fruit Tree Handbook.* Green Books, Totnes.

Vaughan, J. G. and Geissler, C. A. (2009). *The New Oxford Book of Food Plants.* Oxford University Press, Oxford.

van Wyk, Ben-Erik. (2019). *Food Plants of the World.* CABI, Wallingford.

药草和香料篇

Bown, D. (2002). The *Royal Horticultural Society New Encyclopedia of Herbs & Their Uses.* Dorling Kindersley, London.

Dalby, A. (2000). *Dangerous Tastes: The Story of Spices.* British Museum Press, London and University of California Press, Berkeley.

Dauncey, E. A. and Howes, M.-J. (2020). *Plants that Cure: Plants as a Source of Medicines, from Pharmaceuticals to Herbal Remedies.* Royal Botanic Gardens, Kew.

Davidson, A. (2014). *Oxford Companion to Food, third edition.* Oxford University Press, Oxford.

Farrimond, S. (2018). *The Science of Spice: Understand Flavour Connections and Revolutionize your Cooking.* Dorling Kindersley, London.

Freedman, P. (2008). *Out of the East: Spices and the Medieval Imagination.* Yale University Press, New Haven.

de Guzman, C.C. and J.S. Siemonsma (eds). (1999). *Plant Resources of South East Asia No. 13. Spices.* Backhuys, Leiden.

Norman, J. (2015). *Herbs and Spices: The Cook's Reference.* Dorling Kindersley, London.

North, Marianne and Mills, Christopher. (2018). *Marianne North: The Kew Collection.* Royal Botanic Gardens, Kew.

Prance, G., and Nesbitt, M. (eds). (2005). *The Cultural History of Plants.* Routledge, New York.

Payne, Michelle. (2016). *Marianne North: A Very Intrepid Painter.* Revised edition. Royal Botanic Gardens, Kew.

Rix, M. (2021). *Indian Botanical Art: An Illustrated History.* Royal Botanic Gardens, Kew and Roli Books, New Delhi.

Rumphius, G. E. and Beekman, E. M. (2011). *The Ambonese Herbal.* 6 volumes. National Tropical Botanical Garden and Yale University Press, New Haven and London.

Simmonds, M., Howes, M.-J., Irving, J. (2016). *The Gardeners Companion to Medicinal Plants.* Frances Lincoln, London in association with the Royal Botanic Gardens, Kew.

Turner, J. (2004). Spice: *The History of a Temptation.* Harper Collins, London.

Van Wyk, B.-E. (2013). *Culinary Herbs and Spices of the World.* Royal Botanic Gardens, Kew and University of Chicago Press, Chicago.

Willis, Kathy and Fry, Carolyn. (2014). *Plants from Roots to Riches.* John Murray, London in association with the Royal Botanic Gardens, Kew.

https://dl.ndl.go.jp/info：ndljp/pid/1287115

日本国会图书馆数字馆藏的在线版《本草图谱》。

www.biodiversitylibrary.org

世界上最大的开放性数字图书馆，拥有专门研究生物多样性和自然历史文献和档案，同时包括许多稀有书籍。

www.kew.org

英国皇家植物园（邱园）的网站，提供有关邱园科研、藏品和展出计划的信息。

www.plantsoftheworldonline.org

一个在线数据库，整合了过去250年间出版的植物学文献中收集到的世界植物群的权威信息。

www.britmycolsoc.org.uk

英国真菌学会网站，提供有关研究、保护、活动和教育资源的相关信息。

www.lichenology.org

国际地衣学协会网址，主要目的是促进地衣的研究和保护。

www.kew.org

英国皇家植物园（邱园）的网站，提供有关邱园科研、藏品和展出计划的信息。

www.kew.org/science/collections-and-resources/collections/fungarium

该网页提供了更多关于邱园真菌馆的介绍，它是世界上最大、最古老、最具有科学意义的真菌学收藏馆之一。

www.ima-mycology.org

国际霉菌学协会，该协会与世界各地的国家组织均有联系。

www.speciesfungorum.org

在英国皇家植物园（邱园）的协助下，该网站的数据库提供了超过 147000 种真菌的当前名称。

https://stateoftheworldsfungi.org

由一个国际研究小组编写，并由 K. J. Willis 编辑的在线报告《2018 年世界真菌状况》，其中包含有大量事实和数据，由英国皇家植物园出版。

https://data.nal.usda.gov/dataset/us-national-fungus-collections

美国国家真菌收藏，包括以前由美国史密森尼学会持有的真菌材料。

http://gernot-katzers-spice-pages.com

杰诺特・卡策尔（Gernot Katzer）建立的一个用于获取香料信息必不可少的网页。